面向数字化时代高等学校计算机系列教材

计算机组成原理实践教程

高明霞 宋书瀛 苏醒 蔡旻 侯毓敏 魏坚华 朱文军 编著

清华大学出版社
北京

内 容 简 介

本书以 MIPS 架构为基础，详细讲述 MIPS 单周期主机、多周期主机以及带中断外设整机的设计思想，并依托一些常见的开源设计平台，介绍大量具体样例的设计步骤、仿真步骤等过程。培养读者的硬件系统分析与设计能力，从而完成计算机整机设计。另外，为了让读者快速获取并能熟练使用各种开源平台，实践教程通过实际元件的设计详细介绍 Mars(MIPS 汇编与运行模拟器)、Logisim(设计和仿真数字电路的工具软件)、iverilog(轻量级开源的 IEEE-1364 Verilog 硬件描述语言编译软件)、GTKWave(开源波形分析工具)四款轻量级开源工具。为了配合具体硬件实验箱以完成最终的 FPGA 设计与下载，本书将详细介绍由 Xilinx 公司开发的一款专业集成电路设计软件——Xilinx ISE(Integrated Synthesis Environment)。

本书的主要读者对象是具备一定计算机组成原理知识，并想借助一些开源平台进行动手实践，完成具体元件、主机以及最终整机的设计实验的学生和自学者。

版权所有，侵权必究。举报: 010-62782989, beiqinquan@tup.tsinghua.edu.cn。

图书在版编目(CIP)数据

计算机组成原理实践教程/高明霞等编著. -- 北京: 清华大学出版社, 2025.5.
(面向数字化时代高等学校计算机系列教材). -- ISBN 978-7-302-68578-4
Ⅰ. TP301
中国国家版本馆 CIP 数据核字第 20257WJ686 号

责任编辑: 郭　赛
封面设计: 刘　键
责任校对: 韩天竹
责任印制: 沈　露

出版发行: 清华大学出版社
　　　　网　　址: https://www.tup.com.cn, https://www.wqxuetang.com
　　　　地　　址: 北京清华大学学研大厦 A 座　　　邮　编: 100084
　　　　社 总 机: 010-83470000　　　　　　　　　　邮　购: 010-62786544
　　　　投稿与读者服务: 010-62776969, c-service@tup.tsinghua.edu.cn
　　　　质量反馈: 010-62772015, zhiliang@tup.tsinghua.edu.cn
　　　　课件下载: https://www.tup.com.cn, 010-83470236
印 装 者: 河北鹏润印刷有限公司
经　　销: 全国新华书店
开　　本: 185mm×260mm　　印　张: 7.5　　字　数: 178 千字
版　　次: 2025 年 5 月第 1 版　　　　　　　印　次: 2025 年 5 月第 1 次印刷
定　　价: 38.90 元

产品编号: 102377-01

前　言

本书以 MIPS 架构为基础，详细讲述 MIPS 单周期主机、多周期主机以及带中断外设的整机设计思想，并依托一些常见的开源设计平台介绍大量具体样例的设计步骤、仿真步骤等过程；主要目标是引导学生自己动手完成具体元件、主机以及最终整机的设计，培养计算机类专业学生的硬件系统分析和设计能力。另外，为了让学生快速获取并能熟练使用各种开源平台，本书通过实际元件的设计详细介绍 Mars（MIPS 汇编与运行模拟器）、Logisim（设计和仿真数字电路工具软件）、iverilog（轻量级开源的 IEEE-1364 Verilog 硬件描述语言编译软件）、GTKWave（开源波形分析工具）四款轻量级开源工具。为了配合具体硬件实验箱完成最终的 FPGA 设计与下载，本书也将详细介绍由 Xilinx 公司开发的一款专业集成电路设计软件 Xilinx ISE（Integrated Synthesis Environment）。

本书是北京工业大学计算机系"计算机组成原理"课程组教师的集体成果，具体任务分工如下：高明霞完成了本书的 5.1 节、6.1 节、第 7 章和各章最后的实验部分，以及最终的统稿工作；宋书瀛完成了 5.3 节的主要设计部分，6.2 节的主要设计部分；苏醒完成了第 1 章、第 3 章、5.3 节的波形仿真部分及 6.2 节的波形仿真部分；蔡旻完成了第 4 章、第 8 章；侯毓敏完成了第 2 章及 5.2 节的内容；魏坚华和朱文军在本书的编写过程中承担了重要的指导工作。感谢大家的辛苦付出。

高明霞

2025 年 4 月

目　录

第 1 章　**Mars 下载、安装及使用** ·· 1
  1.1　Mars 简介 ·· 1
  1.2　Mars 下载、安装及功能 ·· 1
  1.3　Mars 使用实例 ·· 4
  1.4　实验 ·· 8
      1.4.1　编写单周期主机测试程序 ·· 8
      1.4.2　编写多周期主机测试程序 ·· 8
      1.4.3　编写中断处理子程序以及主调测试程序 ·· 9

第 2 章　**Logisim 下载、安装及使用** ·· 10
  2.1　Logisim 简介 ·· 10
  2.2　Logisim 下载及安装 ·· 10
  2.3　Logisim 使用实例 ·· 11
  2.4　实验 ·· 14
      2.4.1　使用 Logisim 实现一个 32 位数据存储器 ···································· 14
      2.4.2　使用 Logisim 实现一个 32 位寄存器组 ·· 14

第 3 章　**iverilog＋GTKWave 下载、安装及使用** ·· 15
  3.1　iverilog 和 GTKWave 简介 ·· 15
  3.2　iverilog＋GTKWave 下载及安装 ·· 16
  3.3　iverilog＋GTKWave 使用实例 ·· 19
  3.4　实验 ·· 23

第 4 章　**Xilinx ISE 开发环境** ·· 24
  4.1　Xilinx ISE 简介 ··· 24
  4.2　Xilinx ISE 下载及安装 ··· 25
  4.3　创建 ISE 工程 ·· 28
  4.4　基于 Xilinx ISE 的开发流程 ·· 29
      4.4.1　需求分析与规划 ·· 29
      4.4.2　电路设计与实现 ·· 30
      4.4.3　综合与优化 ·· 32

		4.4.4	下载与调试	33
	4.5	本章小结		34

第 5 章 MIPS 单周期主机设计 ... 35

    5.1 MIPS 单周期主机设计思想 ... 35
        5.1.1 数据通路设计 ... 35
        5.1.2 控制器设计 ... 38
    5.2 基于 Logisim 的取指部件 IFU 设计样例 ... 41
    5.3 基于 iverilog+GTKWave 的取指令部件 IFU 设计样例 ... 45
        5.3.1 IFU 模块定义 ... 45
        5.3.2 IFU 模块的 Verilog 实现 ... 46
        5.3.3 Testbench 模块的 Verilog 实现 ... 49
        5.3.4 IFU 模块的波形仿真 ... 49
    5.4 实验 ... 53
        5.4.1 使用 Logisim 设计并实现一个 32 位单周期主机 ... 53
        5.4.2 使用 iverilog+GTKWave 设计并实现一个 32 位单周期主机 ... 55

第 6 章 MIPS 多周期主机设计 ... 61

    6.1 MIPS 多周期主机设计思想 ... 61
        6.1.1 数据通路设计思想 ... 61
        6.1.2 控制器设计思想 ... 62
    6.2 基于 iverilog+GTKWave 的新增 IR 设计样例 ... 67
        6.2.1 IR 模块定义 ... 67
        6.2.2 IR 模块的 Verilog 实现 ... 67
        6.2.3 IR 模块的波形仿真 ... 68
    6.3 基于 iverilog+GTKWave 的控制器设计样例 ... 72
    6.4 实验 ... 73

第 7 章 基于 Verilog HDL 的 MIPS 微系统设计 ... 78

    7.1 CP0 介绍以及设计样例 ... 78
    7.2 Bridge 及外围设备设计样例 ... 83
    7.3 MIPS 微系统综合设计样例 ... 86
    7.4 实验 ... 90

第 8 章 FPGA 开发 MIPS 微系统 ... 95

    8.1 基于 ISE 的仿真 ... 95

8.2 基于 ISE 的实现 …………………………………………………………… 99
8.3 基于 ISE 的硬件编程 ……………………………………………………… 102
    8.3.1 下载程序 …………………………………………………… 102
    8.3.2 硬件编程结果输出 ………………………………………… 105
8.4 实验 ……………………………………………………………………… 107

第 1 章　Mars 下载、安装及使用

1.1　Mars 简介

Mars 的全称为 MIPS Assembler and Runtime Simulator（MIPS 汇编与运行模拟器），它是一款用于 MIPS 汇编语言编程的轻量级交互式开发环境（Interactive Development Environment，IDE）。MARS 可以与 David A. Patterson 和 John L. Hennessy 所著的 *Computer Organization and Design：The Hardware/Software Interface*（《计算机组成与设计：硬件软件接口》）一起提供面向教育级的 MIPS 仿真与模拟，并帮助学习者快速理解与掌握 MIPS 架构的基本概念和设计方法。

从 4.0 版本开始，Mars 汇编并模拟了 MIPS-32 指令集的 155 条基本指令、约 370 条伪指令和指令变体。Mars 的特点包括：

- 带有单击控制和集成编辑器的 GUI，其快捷工具栏提供多达 21 个功能的快捷方式，基本满足编程和模拟的需要；
- 集成的编辑器，具有多个文件编辑选项卡、上下文相关输入和颜色编码的汇编语法，目录（文件夹）中的所有程序集文件都可以集成为一个可执行文件；
- 可以使用复选框轻松设置/删除断点；
- 易于编辑的寄存器和内存值表示，类似于电子表格；
- 可以以十六进制、十进制等多种方式显示数值；
- 提供命令行模式，令使用者可以轻松测试和评估其程序；命令行参数用于指定程序运行后要显示的寄存器和内存的值，以检查其内容的正确性，并可以通过批处理连续执行多个程序；
- 提供浮点寄存器、协处理器 1 和协处理器 0 内容的显示和修改；
- 支持执行速度的变换；
- 用于 MIPS 控制模拟设备的"工具"实用程序。该工具是一个在单独线程上运行的程序，可以访问 Mars 数据；汇编程序可以在 Mars 中运行，并通过内存映射 IO 与工具交互；任何想象中的伪设备都可以连接到 MIPS 汇编代码，或扩展到物理设备或硬件。

1.2　Mars 下载、安装及功能

Mars 的官方网站为 http://computerscience.missouristate.edu/mars-mips-simulator.htm，该网站由密苏里州立大学维护。用户可以通过官方网站中提供的链接下载该软件，最新版本为 Mars 4.5。由于 Mars 是用 Java 编写的，因此需要安装至少 J2SE 1.5 以上的

版本和相应的 Java 运行环境(Java Runtime Environment,JRE)或 Java 软件开发工具(Java Software Development Kit,JDK)才能运行,Mars 是作为一个可执行的 JAR 文件分发的。

用户在下载链接中会直接下载一个名为 Mars4_5.jar 的文件,其中 4_5 为 Mars 的版本信息。该文件即为 Mars 程序文件,无须安装即可直接执行。不过,打开 Mars 时要注意：jar 文件全称为 Executable Jar File,是一种基于 Zip 的 Java 类文件、相关的元数据和资源(文本、图片等)文件的聚合压缩文件,所以 jar 文件能被诸如 WinRAR 等解压缩程序打开。如果用户想用 JRE 或 JDK 运行 jar 文件,需要单击 Mars4_5.jar 文件→打开方式→选择 Java(TM) Platform SE binary 打开,其打开方式和打开画面如图 1.1 和图 1.2 所示。

图 1.1　Mars 的打开方式

图 1.2　Mars 的打开界面

Mars 的主界面如图 1.3 所示。

Mars 的主界面主要包括菜单栏、工具栏、代码编辑区、寄存器观察区、Mars 信息区。

(1) 菜单栏包括：File(文件)、Edit(编辑)、Run(运行)、Settings(设置)、Tools(工具)、Help(帮助)。

- File(文件)菜单主要包括：New(新建)、Open(打开)、Close(关闭)、Save(保存)、Dump Memory(输出内存)、Exit(退出)。
- Edit(编辑)主要包括：Undo(返回)、Redo(重做)、Cut(剪切)、Copy(复制)、Paste(粘贴)、Find/Replace(查找/替换)、Select All(全选)。
- Run(运行)主要包括：Assemble(汇编)、Go(运行)、Step(下一步)、Backstep(上一步)、Pause(暂停)、Stop(停止)、Reset(复位)、Clear all breakpoints(清除所有断点)、Toggle all breakpoints(切换断点)。
- Settings(设置)主要包括：数值显示设置、代码标注设置、Editor(调整设置：包括字体大小、关键字颜色等)、Highlighting(高亮标注)、Exception Handler(异常处

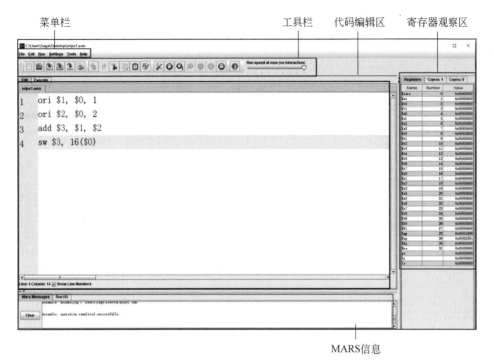

图 1.3 Mars 的主界面

理)、Memory Configuration(内存设置：比较重要)。
- Tools(工具)主要包括：BHT Simulator(分支历史表模拟器)、Bitmap Display(比特图显示器)、Data Cache Simulator(数据缓存模拟器)、Digital Lab Sim(数字实验模拟)、Floating Point Representation(浮点数表示法)、Instruction Counter(指令计数器)、Introduction to Tools(工具介绍)、Instruction Statistics(指令统计)、Keyboard and Display Simulator(键盘与显示模拟器)、Memory Reference Visualization(内存索引可视化)等工具。
- Help(帮助)主要包括：Help(帮助界面)、About(关于软件的各类信息)。

(2) 工具栏包括：新建、打开、保存、保存为、导出机器码、编译、调试、调速等主要功能。

(3) 代码编辑区可以输入 MIPS 汇编代码。

(4) 寄存器观察区可以观察和修改 32 个 CPU 寄存器和部分协处理器(CP0 和 CP1)的值。

(5) Mars 信息区可以查看程序运行状态和编译错误等信息。

在汇编程序编译后，Mars 会进入执行页面，如图 1.4 所示。

Mars 的执行页面将原有的代码编辑区一分为二，转变为程序编译后的代码区和内存观察区。其中，程序编译后的代码区，提供程序指令在指令存储器中的存储地址、编译后的机器码、代码翻译结果和源代码；数据存储器观察区可以观察和修改数据存储器的值。

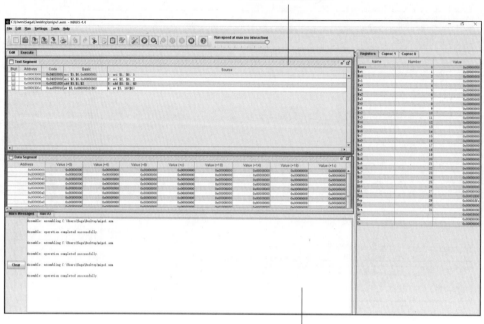

程序编译后代码区

数据存储器观察区

图 1.4 Mars 的执行界面

1.3 Mars 使用实例

下面通过实例进一步熟悉 Mars 的使用方法。考虑如下 MIPS 汇编程序：

```
        ori $3, $0, 0x93      //在$3 寄存器中存入 0x93(十六进制)，即 147
        ori $6, $0, 0xae      //在$6 寄存器中存入 0xae(十六进制)，即 174
        addu $8, $3, $6       //$8=$3+$6，即$8=147+174=321,$8=0x141
        subu $9, $3, $6       //$9=$3-$6 无符号数相减，即$9=147-174
                              //由于溢出，$9=0xffffffe5
        addu $0, $9, $10      //$0=$8+$9，由于$0 寄存器无法被修改，所有不变
        sw $9, 16($0)         //将$9 的值存入 0x00000010 的存储单元
                              //即 0x00000010=0xffffffe5
        lw $10, 16($0)        //将 0x00000010 存储单元的数据取出，放入$10
                              //即$10=0xffffffe5
L3:     beq $9, $10, L1       //比较$9 与$10 的值是否相同，相同，所以跳转到 L1
        lui $11, 0xcdcd       //将$11 的值变为 0xcdcd0000
        j end                 //跳转到 end
L1:     ori $11, $0, 0xefef   //在$11 寄存器中存入 0xefef(十六进制)，即 61423
        lui $9, 0x4567        //将$11 的值变为 0x45670000
```

```
            j L3                     //跳转到 L3
    end:
```

在开始输入上述程序之前，还需要调整一下 Settings（设置）菜单中的 Memory Configuration（存储器设置）选项，如图 1.5 所示。该选项用来调整代码段、数据段、堆栈段在内存中的起始位置，为了使用 sw \$9,16(\$0) 指令，应将数据段的起始位置设为 0x00000000，所以应将 Memory Configuration（存储器设置）选项从第一项"Default"调至第二项"Compact，Data at Address 0"。

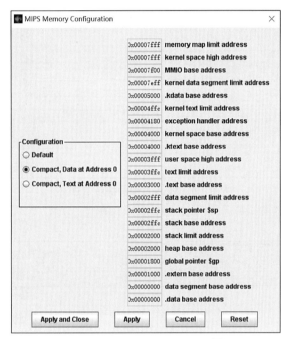

图 1.5　Memory Configuration 界面

打开 Mars 后，在代码编辑区输入上述代码，输入过程中，程序会不断提示用户输入指令的语法，如图 1.6 所示。

在将所有的代码都输入完成后，界面如图 1.7 所示。从图 1.7 中可以看到，在 Mars 中，所有指令的指令码都被标成了蓝色，而变量都被标成红色，立即数和标签（斜体）都是黑色。由于 Mars 的标签会与上下的程序代码对齐，因此会导致标签不易查找。

输入汇编程序的代码后，可以单击工具栏中的 图标或使用快捷键 F3 来汇编代码，如果 Mars 信息框中出现"Assemble: operation completed successfully."的提示信息，则证明汇编程序编译通过了，然后 Mars 会跳转到执行界面，如图 1.8 所示。

从执行页面中可以看到，所有输入的指令都被转换成了机器码，并加以注释，同时寄存器和数据存储器窗口也准备就绪。编译好的程序可以通过单击工具栏中的 图标或使用快捷键 F5 直接执行，也可以通过单击工具栏中的 图标或使用快捷键 F7 单步执行，以观察寄存器和存储器中数值的变化。在执行完成后，依旧可以通过存储器和寄存器观察区来查看最后的结果。图 1.9 所示为存储器结果，图 1.10 所示为寄存器结果。

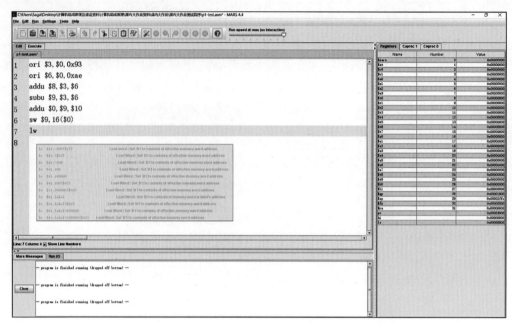

图 1.6　Mars 汇编的提示信息

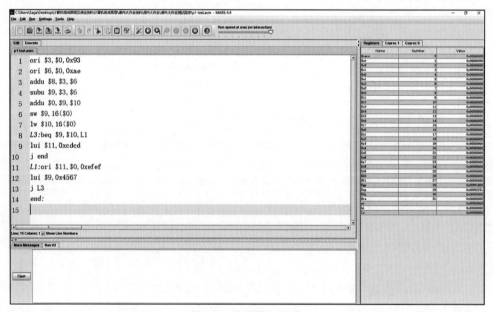

图 1.7　代码输入完成

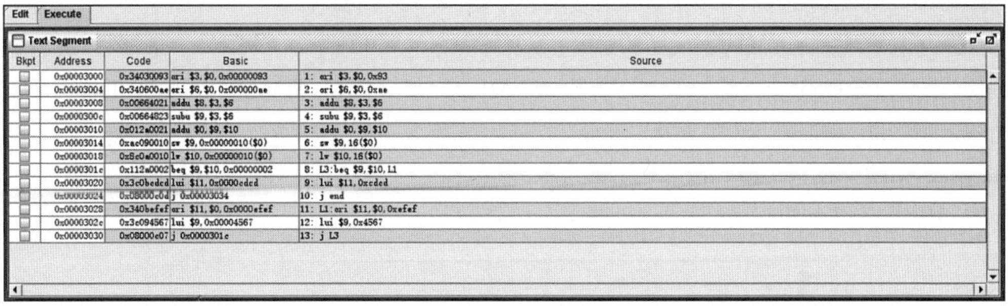

图 1.8　实例程序的执行页面

图 1.9　存储器的执行结果

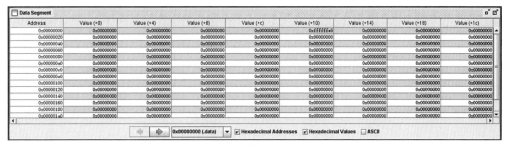

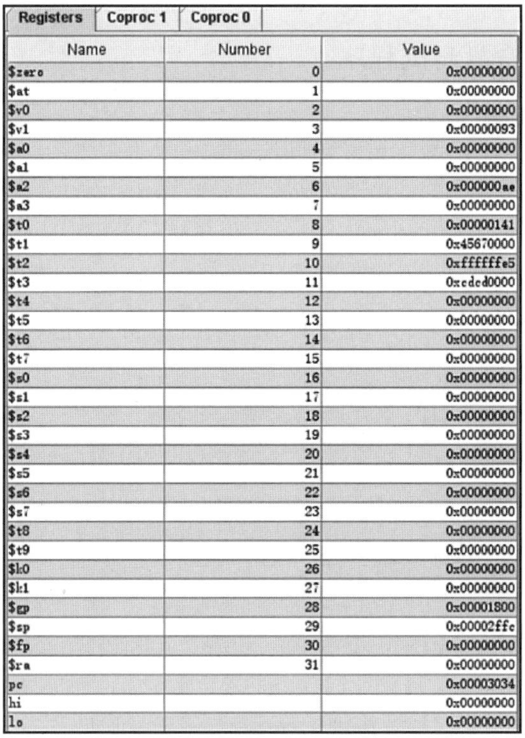

图 1.10　寄存器的执行结果

用户可以根据存储器和寄存器的执行结果查看其程序的运行结果。同时,为了方便汇编语言与机器码之间的转换，Mars 还提供了 MIPS 汇编程序转换成机器码的功能，其方法是在汇编完成后，单击工具栏中的 图标或使用快捷键 Ctrl＋D 来导出机器码。Mars 提供了多种机器码的导出格式，如 ASCII 码、二进制机器码、十六进制机器码等，导出的文件一般存储在 txt 文件中，方便其他程序直接读取，如使用 Verilog 语言，可以用"memreadh("code.txt"，im)"语句将机器码从 code.txt 文件转存入数据通路的指令存储器 im 中，实现指令的输入，图 1.11 所示为机器码导出界面。

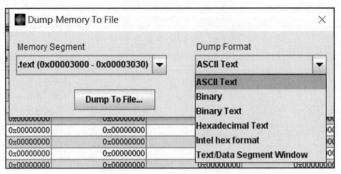

图 1.11　机器码导出界面

1.4　实　　验

1.4.1　编写单周期主机测试程序

1. 实验目的

熟悉 Mars 编程、运行环境以及各种导出机制。

2. 实验要求

(1) 处理器应支持的指令集 MIPS-Lite：addu、subu、ori、lw、sw、beq、lui、j。其中，addu、subu 可以不支持实现溢出。

(2) 构造一个包含所有指令以及常见程序功能的测试程序，MIPS-Lite 定义的每条指令至少出现一次。

(3) 需要充分测试分支的两个方向以及循环功能。

(4) 记录测试程序的运行过程以及最终结果，并导出为二进制文件，以供后续主机测试使用。

1.4.2　编写多周期主机测试程序

1. 实验目的

熟悉 Mars 编程、运行环境以及各种导出机制。

2. 实验要求

(1) 处理器应实现 MIPS-Lite1 指令集。MIPS-Lite1＝{MIPS-Lite，addi，addiu，slt，jal，jr}。MIPS-Lite 指令集：addu、subu、ori、lw、sw、beq、lui、j。

(2) 构造一个包含所有指令以及常见程序功能的测试程序，MIPS-Lite1 定义的每条指令至少出现一次。

(3) 必须有函数,并至少有一次函数调用。函数相关指令(jal 和 jr)是较为复杂的指令,其正确性不仅涉及自身,还与堆栈调整等操作相关。因此为了更充分测试,必须在测试程序中组织一个循环,并在循环中多次调用函数,以确保正确实现了这两条指令。

(4) 记录测试程序的运行过程以及最终结果,并导出为二进制文件,以供后续主机测试使用。

1.4.3 编写中断处理子程序以及主调测试程序

1. 实验目的

熟悉 Mars 编程、运行环境以及各种导出机制,熟悉中断程序调用处理。

2. 实验要求

(1) MIPS-Lite3 = { MIPS-Lite2、ERET、MFC0、MTC0 }。MIPS-Lite2 = { addu、subu、ori、lw、sw、beq、lui、addi、addiu、slt、j、jal、jr、lb、sb }。

(2) 构造一个包含所有指令以及常见程序功能的测试程序,MIPS-Lite3 定义的每条指令至少出现一次。

(3) 开发一个主程序以及定时器的中断子程序 exception handler,实现秒计数显示功能。

(4) 主程序完成以下步骤:主程序需要读取 32 位输入设备内容并显示在 32 位输出设备上;主程序通过 MFC0、MTC0 这两条指令和 CP0 中的 SR 以及 PrID 交换数据,并通过 SR 控制定时器硬件中断工作;主程序将定时器初始化为模式 0,并加载正确的计数初值至定时器初值寄存器,以产生 1s 的计数周期。主程序启动定时器计数后进入死循环。

(5) 中断子程序完成:不断读取新的输入设备的内容,一旦发现与之前的 32 位输入值不同,就更新 32 位输出设备显示为当前新值;否则将输出设备显示内容加 1;然后重置定时器初值寄存器,从而再次启动定时器计数,实现新一轮的秒计数。

(6) 记录测试程序的运行过程以及最终结果,并导出为二进制文件,以供后续主机测试使用。

第 2 章 Logisim 下载、安装及使用

2.1 Logisim 简介

Logisim 是一种用于设计和仿真数字电路的工具软件。Logisim 最大的特点是采用原理图的方式构建数字电路。Logisim 包含基本的电路元器件，用户可以通过拖曳鼠标的方式绘制连线连接各个元器件以搭建电路，进行电路仿真。由于其界面友好、简单易学，Logisim 常用于教育教学领域，可以帮助初学者快速掌握数字电路的基本概念和设计方法。

图 2.1 为 Logisim 主界面，主要包括菜单栏、工具栏、管理窗口、属性窗口和绘图区。其中，管理窗口显示当前电路，并可添加子电路。管理窗口还显示了用户可以使用的电路组件库，包括线路、逻辑门、复用器、运算器等。当在绘图区选中当前电路中的某组件时，将会在属性窗口显示该组件的属性表。用户可以在属性表中灵活设置该组件的朝向、数据位宽等属性。工具栏中的图标第一个为戳工具，选中该工具时，单击电路的输入引脚可以改变输入信号的值。第二个图标为选中工具，该工具可以选中一组组件。第三个为文本工具，单击该图标可以给电路添加注释。接下来分别是输入引脚和输出引脚，用户还可以根据自己的需求拖动其他组件到工具栏，以便快速添加这些组件到电路中。

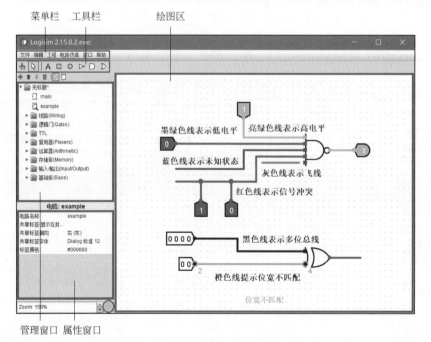

图 2.1 Logisim 主界面

界面右侧是绘图区,用户可以在这个区域绘制电路,单击绘图区左下角旁边圈起的位置可以显示和关闭绘图区的点阵。点阵可以帮助用户定位组件的位置和确定组件之间的距离。

在绘制电路的过程中,连线的颜色代表线路的不同状态,了解这些信息能够帮助用户迅速定位电路存在的问题。如图 2.1 所示,连线为亮绿色表示该线路信号为高电平;连线为墨绿色表示该线路信号为低电平;连线为蓝色表示该线路为未知状态;连线为红色表示该线路存在信号冲突;连线为黑色表示该线路为多位总线;连线为橙色表示位宽不匹配。

2.2 Logisim 下载及安装

Logisim 的官方网址为 http://www.cburch.com/logisim/,用户可以通过官网提供的链接下载该软件。Logisim 依赖 Java 5 以上的版本运行。用户在下载页面可以选择该软件的三个版本。

(1) jar 格式,可以运行在任何平台,但可能会出现使用不便的情况。通常双击文件即可运行,若无法运行,或者用户使用的是 Linux 或 Solaris 操作系统,则可以在命令行中输入"java -jar logisim-XX.jar"命令来运行软件。

(2) tar.gz 格式,运行于 macOS 系统。解压后双击 Logisim 图标即可运行。

(3) exe 格式,运行于 Windows 系统。双击 Logisim 图标即可运行。

Windows 系统和 macOS 系统推荐下载对应的 Logisim 版本。

2.3 Logisim 使用实例

下面通过一个实例进一步熟悉 Logisim 的使用方法。我们使用 Logisim 搭建一个四位完全并行的进位加法器。根据课堂讲解的内容,我们知道四位并行进位链的电路图如图 2.2 所示。

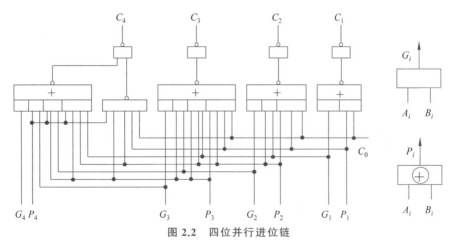

图 2.2 四位并行进位链

可以进一步得到四位完全并行进位加法器的进位公式如式(2-1)所示。其中,$G_i = A_i B_i$,$P_i = A_i \oplus B_i$,所有的进位位都只与要相加的数据以及 C_0 有关,而与上一位的进位无关,这样即可实现并行进位的计算。接下来,我们根据进位公式在 Logisim 中依次搭建 C_1 到 C_4 的电路图。

$$\left.\begin{aligned} C_1 &= G_1 + P_1 C_0 \\ C_2 &= G_2 + P_2 G_1 + P_2 P_1 C_0 \\ C_3 &= G_3 + P_3 G_2 + P_3 P_2 G_1 + P_3 P_2 P_1 C_0 \\ C_4 &= G_4 + P_4 G_3 + P_4 P_3 G_2 + P_4 P_3 P_2 G_1 + P_4 P_3 P_2 P_1 C_0 \end{aligned}\right\} \quad (2\text{-}1)$$

以进位位 C_1 为例。我们观察 C_1 的进位公式,其中 G_1 和 P_1 的计算分别需要一个与门和一个异或门,除此之外,还需要一个与门计算 $P_1 C_0$ 和一个或门计算 $G_1 + P_1 C_0$,如图 2.3 所示,我们在管理窗口的逻辑门选项下选中需要的逻辑门,然后单击绘图区,即可在绘图区添加一个该逻辑门,用户可以在属性窗口设置该逻辑门摆放的方向和引脚数,也可以在逻辑门选中的状态下直接在键盘上按数字键以快捷地设置引脚数,按键盘上的方向键以快捷地设置逻辑门的摆放方向。选中某个逻辑门,按住 Ctrl+D 键,可快速复制该逻辑门。将逻辑门摆放到适当的位置后,绘制连线将这些逻辑门连接起来。当光标靠近逻辑门以及已经绘制的连线时,会出现一个绿色的小圆圈,此时可以单击并拖曳鼠标绘制连线。最后在适当的位置加上输入和输出引脚,单击文本工具为信号添加标注。最终搭建完成的 C_1 进位位的电路图如图 2.4 所示。我们看到,目前的连线都是墨绿色的,表示所有线路都是低电平,此时选中戳工具,分别单击输入引脚可以改变输入引脚的值,当输入值为 1 时,相应的线路变成亮绿色,输出引脚的值将会随着输入值的改变相应地发生改变。绘制过程中,如果出现其他颜色的线,应及时排查绘图错误。按照同样的方法,我们依次绘制 C_1 到 C_4 的电路图如图 2.5 所示。在绘制过程中,当电路规模变大而超出绘图区时,用户可以单击绘图区右下角此时出现的图标⊕,使得全部电路都缩放到绘图区范围内。

图 2.3 管理窗口逻辑门选择

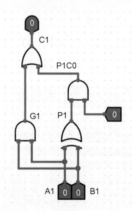

图 2.4 C_1 进位位电路图

结合加法器的公式(2-2),

$$\Sigma_i = A_i \oplus B_i \oplus C_{i-1} \quad (2\text{-}2)$$

我们在图 2.5 的基础上进一步完善,补充绘制每一位相加和的电路。我们在电路上端补充 4 个三输入异或门即可。为了调试方便,在输入和输出端添加分线器,便于更直观地调节相加的两个数 A 和 B 的值,以及观察输出值。图 2.6 中绘制了一圈灰色飞线,飞线圈中的部分即为完整的四位并行加法器电路,飞线周围的引脚分别为该加法器的输入和输出。

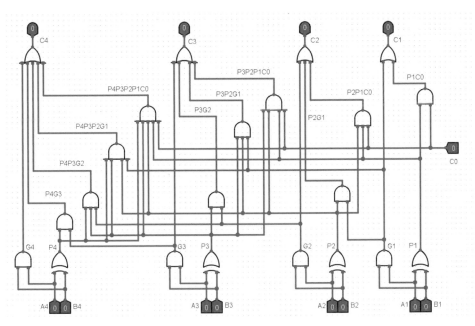

图 2.5　C_1 至 C_4 进位电路图

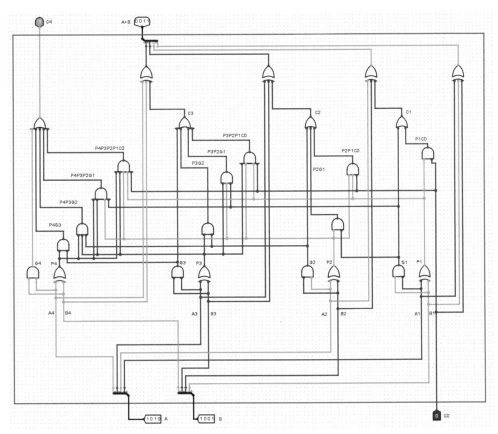

图 2.6　四位并行加法器电路图

2.4 实　　验

2.4.1 使用 Logisim 实现一个 32 位数据存储器

1. 实验目的

熟悉 Logisim 设计平台。

2. 实验要求

(1) 设计一个 32 位数据存储器 DM,容量为 1KB,用 RAM 实现。

(2) 单位是字节,小端模式存储。

(3) DM 应采用双端口模式,即设置 RAM 的"Data Interface"属性为"Separate load and store ports"。

(4) 该数据存储器可以完成字节以及字存储功能。

2.4.2 使用 Logisim 实现一个 32 位寄存器组

1. 实验目的

熟悉 Logisim 设计平台。

2. 实验要求

(1) 设计一个 32 位数据寄存器组,包含 32 个寄存器,用 RAM 实现。

(2) 该寄存器组可以根据地址进行读写。

(3) 其中 0 号寄存器固定为 0 值,不能改变。

第 3 章　iverilog＋GTKWave 下载、安装及使用

3.1　iverilog 和 GTKWave 简介

iverilog 的全称为 icarus Verilog，它是一款轻量级开源的 IEEE-1364 Verilog 硬件描述语言的免费编译软件，用于数字和模拟电路的仿真与验证。iverilog 是基于 C++ 实现的，开发者是 Stephen Williams，遵循 GNU GPL license 许可证。

目前，由于 EDA 三巨头 Synopsys、Cadence、Mentor 所提供的 Verilog 编译与仿真软件的版权问题，国内外很多高校和企业在数字芯片的教学与设计中都采用 iverilog，其被戏称为"全球第四大"数字芯片仿真器。虽然，iverilog 的生态支持度不如三大主流的仿真工具，但是其开源性和便捷性被越来越多的用户青睐。

iverilog 的主要功能特点如下。

（1）编译速度快，并支持包括 Verilog 1995、2001、2005、SystemVerilog 2009 在内的多种 Verilog 语言。

（2）支持多种平台，轻量级且安装方便，iverilog 支持包括 Windows、Linux、macOS 在内的多种操作系统，且轻量级（iverilog 包含 GTKWave 的安装文件大约 10MB）安装速度快。

（3）支持 VCD 文件格式：iverilog 可以生成 vcd 波形文件，方便用户查看仿真结果，GTKWave 就是用来查看 vcd 波形文件的。

iverilog 的主要缺点如下。

（1）没有 Verilog 语言编辑界面，需要 VS Code 等集成开发环境来编写代码，编写过程中的纠错能力不强。

（2）编译器的编译错误反馈信息不是很详细，定位也不是很准确，导致不易发现及改正程序中的错误。

GTKWave 是一种分析工具，它主要用于对 Verilog 或 VHDL 仿真模型进行调试。GTKWave 用于在大型芯片上进行调试任务，并作为第三方的离线纠错工具。它是一个 64 位的独立软件，可以运行在具有足够物理内存的工作站上。除了可以交互式地观看 VCD 文件外，GTKWave 并不支持与模拟仿真软件的交互式运行，它通过使用转储文件来查看模拟与仿真后的波形分析，支持多种转储文件格式，主要包括 VCD、LXT、LXT2、VZT 等文件格式。其中，VCD 是指 Value Change Dump 值变化转储，这是由大多数 Verilog 模拟器生成的行业标准文件格式，并由 IEEE-1364 指定，是查看器处理速度最慢、需要占用最多内存的格式。但由于这种格式的普遍性，而且几乎所有模拟器都支持它，所以 GTKWave 保留了 VCD 文件支持。

3.2　iverilog+GTKWave 下载及安装

iverilog 的下载网站为 http://bleyer.org/icarus/，该网站提供面向 Windows 系统的多个 iverilog 下载版本，推荐下载图 3.1 中标注的稳定版。

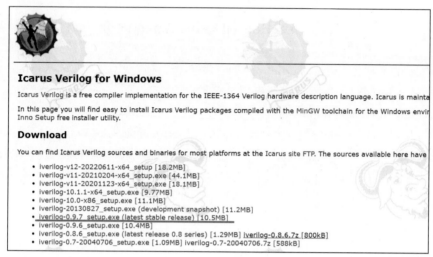

图 3.1　iverilog 下载页面

比较好的情况是，iverilog 的安装文件中自带 GTKWave，所以只需要下载 iverilog 并安装即可，与此同时也安装 GTKWave。在下载 iverilog 安装程序后，直接双击程序开始安装，iverilog 在安装过程中只需要设置安装路径就可以轻松完成，如图 3.2 所示，iverilog 安装过程中需要同时安装 GTKWave。

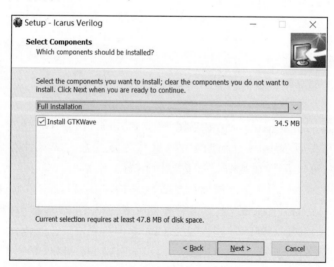

图 3.2　iverilog 安装过程

在完成程序的安装后，会得到下列文件，如图 3.3 所示。

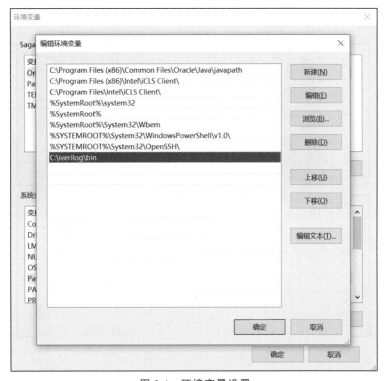

图 3.3 iverilog 安装完成

安装完成后，在 iverilog 使用前还需要设置环境变量，即在系统环境变量 path 中加入图 3.3 中的 bin 文件的路径，例如 C:\iverilog\bin，如图 3.4 所示。

图 3.4 环境变量设置

在设置环境变量后，可以在命令提示符中输入 iverilog，如果安装成功，会得到安装信息，如图 3.5 所示。

为验证是否成功安装了 GTKWave，可以在命令提示符中输入 gtkwave，如果成功安装，则 GTKWave 的窗口会直接弹出。

GTKWave 的窗口包括菜单栏、工具栏、信号源选择区、波形显示区，如图 3.6 所示。

（1）菜单栏提供的功能包括：File（文件）、Edit（编辑）、Search（查找）、Time（时间

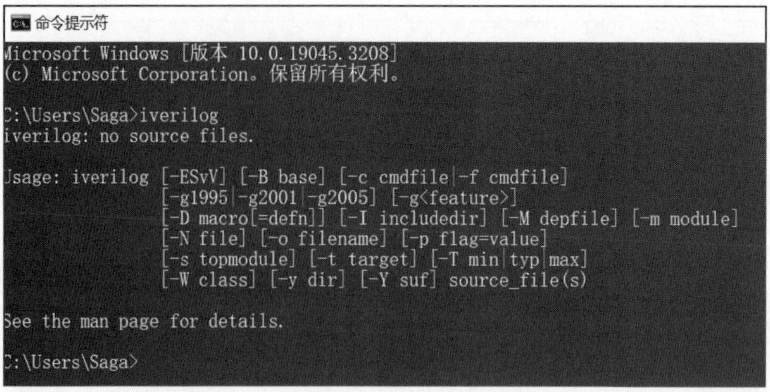

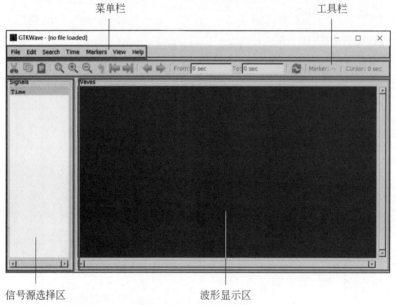

图 3.5　iverilog 信息

图 3.6　GTKWave 界面

轴)、Markers(标记)、View(视图)、Help(帮助)。

- File(文件)包括：Open(打开)、Save(保存)、Export(导出)等功能。
- Edit(编辑)包括：Insert(插入)、Data Format(数据格式)、Color Format(颜色格式)等功能。
- Search(查找)包括：Pattern Search(模式查找)、Signal Search(信号查找)等查找功能。
- Markers(标记)包括：Collect Markers(收集标记)、Drop Markers(放弃标记)等与标记相关操作的功能。
- View(视图)包括：Show Mouseover(显示鼠标轨迹)、Show Wave Highlight(高亮显示波形)等方便查看波形的功能。

(2) 工具栏提供包括放大、缩小等一系列操作工具。

(3) 信号选择区在打开 vcd 文件后会显示相应的变量名称。

(4) 波形显示区用来查看不同变量的波形。

3.3 iverilog+GTKWave 使用实例

本节通过实例进一步熟悉 iverilog+GTKWave 的使用方法。该实例引自网络[1]。

下面是一个周期 $m=15$ 的编码结构和移存器状态。它使用 $f_1(x)=x^4+x+1$ 来构造 m 序列产生器，其编码器结构和移存器状态如图 3.7 所示。图中每一列都对应一个 m 序列，第一列对应的 m 序列为

$$A_1 = (a_0 a_1 \cdots a_{m-1}) = (\mathbf{111101011001000})$$

用码多项式形式表示为

$$A_1(x) = a_0 + a_1 x + \cdots + a_{m-1} x^{m-1} = 1 + x + x^2 + x^3 + x^5 + x^7 + x^8 + x^{11}$$

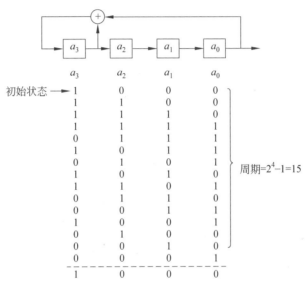

图 3.7 周期 $m=15$ 的编码器结构和移存器状态

根据上述描述，分别编写两个程序来模拟实现功能的源文件 prbs4.v 和测试使用的 testbench 文件 prbs4_tb.v。

```
prbs4.v
module prbs4(clk, rst_n, out, out_invalid_n);
    input clk;
    input rst_n;
    output reg out;
```

---

[1] m0_46521579 的博客."Icarus/erilog." 2023-01-18.
https://blog.csdn.net/m0_46521579/article/detais/128728621? ops_request_misc=%257B%2522request%255Fid%2522%253A%2522189211d671a6e3e7bbcba33dc7ba7ab8%2522%252C%2522scm%2522%253A%252220140713.130102334.pc%255Fblog.%2522%257D&request_d=189211d671a6e3e7bbcba33dc7ba7ab8&biz_id=0&utm_medium=distribute.pc_search_result.none-task-blog-2~blog~first_rank_ecpm_v1~rank_v31_ecpm-1-128728621-null-null.nonecase&utm_term=iverilog&spm=1018.2226.3001.4450。

```verilog
        output reg out_invalid_n;
    reg [3:0] a;
    always@ (posedge clk or negedge rst_n) begin
        if(!rst_n) begin
            a <= 4'b1000;
        end
        else begin
            a[3] <= a[3]^a[0];
            a[2] <= a[3];
            a[1] <= a[2];
            a[0] <= a[1];
        end
    end
    always@ (posedge clk or negedge rst_n) begin
        if(!rst_n) begin
            out <= 1'b0;
            out_invalid_n <= 1'b0;
        end
        else begin
            out <= a[0];
            out_invalid_n <= 1'b1;
        end
    end
endmodule
prbs4_tb.v
`timescale 1ns / 1ps
module prbs4_tb();
reg clk;
reg rst_n;
wire out;
wire out_valid_n;
integer i;
prbs4 uut(clk, rst_n, out, out_valid_n);
initial begin
    $dumpfile("prbs4.vcd");
    $dumpvars(0, prbs4_tb);
end
initial begin
    rst_n = 1'b0;
    #20 rst_n = 1'b1;
end
initial begin
    clk = 0;
    for(i=0; i<45; i=i+1) begin
        #1 clk = 1;
        #1 clk = 0;
    end
    $display("test complete");
end
endmodule
```

我们使用 vscode 输入和保存上述代码，如图 3.8 所示的实例程序代码。

图3.8 实例程序代码

在编写程序时要注意下边两句,这是testbench文件中iverilog编译器专用于生成波形文件的语句。$dumpfile指定输出的波形文件名称,$dumpvars指定将哪些变量的信息保存到$dumpfile指定的VCD文件中。

```
initial begin
    $dumpfile("prbs4.vcd");            //指定prbs4.vcd为波形文件
    $dumpvars(0, prbs4_tb);            //指定测试文件prbs4_tb以及其实例中包含的变量
end
```

在完成输入后,进入命令提示符,首先进入程序保存的文件夹,本书是将文件存储在C:\test\目录下的,因此,在进入相应文件夹下后输入

```
iverilog -o prbs4 prbs4.v prbs4_tb.v
```

其中,第一个"-o prbs4"代表输出文件名为prbs4.out,输出默认为a.out文件,在编译完成后,如果没有任何反应就是编译通过了,然后在文件夹中会有一个名为prbs4的文件。为了产生波形文件,我们继续在命令行中输入:

```
vvp -n prbs4 -lxt2
```

vvp命令是用来输出波形文件的,如果输入后提示LXT2 info: dumpfile prbs4.vcd opened for output. test complete,就表明波形文件生成成功了,生成的波形文件名为prbs4.vcd。最后就可以通过gtkwave来查看波形文件了。在命令提示符中输入:gtkwave prbs4.vcd,运行后就会打开如图3.9所示的界面。

其中,在SST区域有testbench文件和在testbench文件中实例化的各个实体,在本

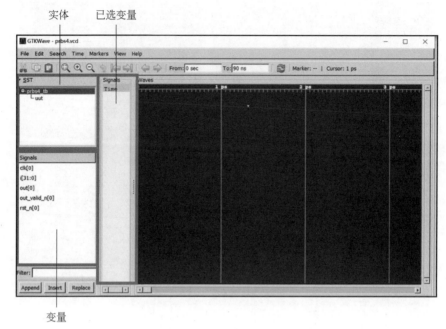

图 3.9 用 GTKWave 查看 prbs4.vcd 文件

例中,我们只有一个 prbs4.v 文件的实体叫作 uut,单击不同的实体,会在 Signals 框中显示该实体或 testbench 中声明的变量。用户如果需要看某个变量的波形图,则需要将该变量从变量区拖曳到其右侧的已选变量区。我们选择 uut 实体的 out[0] 变量和 clk 变量来查看它们的波形,如图 3.10 所示。

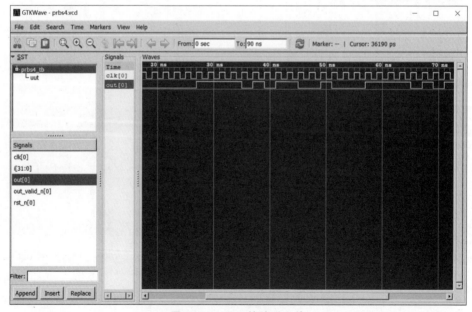

图 3.10 prbs4 的波形文件

通过合适的放大和缩小,我们可以看到 clk 持续地发射脉冲信号,而 out 则可以按照之前的要求进行信号的输出。

3.4 实　　验

本节使用 iverilog＋GTKWave 完成运算器设计。

1. 实验目的

熟悉 iverilog＋GTKWave 平台运行环境。

2. 实验要求

(1) 运算器可以完成常规的算术以及逻辑运算,包括 addu、subu、ori、addi、andi 等常用的算术逻辑运算指令。

(2) 使用 iverilog 平台实现运算器。

(3) 使用 iverilog 平台完成一个独立的 testbench 设计,并能完成各个指令的测试功能。

(4) 使用 GTKWave 记录测试过程的各种波形变换,并分析指令完成过程。

第 4 章　Xilinx ISE 开发环境

4.1　Xilinx ISE 简介

Xilinx ISE(Integrated Synthesis Environment)是由 Xilinx 公司开发的一款专业集成电路设计软件,主要面向数字逻辑设计和嵌入式系统开发领域。作为 FPGA(现场可编程门阵列)和 CPLD(复杂可编程逻辑器件)设计的重要工具,ISE 提供了一系列功能强大的综合工具,支持从概念设计到最终电路实现的整个开发流程。

本章将详细介绍 Xilinx ISE 的下载、安装和使用,这是贯穿本书第 5 章到第 8 章核心内容的重要工具。通过本章的学习,读者将掌握 ISE 的基本使用方法,为后续的单周期和多周期 CPU 设计、微系统设计以及 FPGA 实现等项目实践打下坚实的基础,最终实现理论知识与实际设计的紧密结合。

Xilinx 公司是全球领先的可编程逻辑器件供应商,其 FPGA 和 CPLD 产品广泛应用于通信、消费电子、工业控制、航空航天等领域。为了让设计师更高效地开发这些器件,Xilinx 推出了 ISE 设计套件。多年来,ISE 凭借其出色的性能和易用性,成为数字电路设计师的首选工具之一。

ISE 以其简洁直观的用户界面而闻名,旨在最大限度地提高设计效率。通过图形化的项目管理器,用户可以轻松创建、编辑和管理设计项目。同时,ISE 还提供了各种高级功能,如设计规则检查、时序分析等,可以帮助设计师对电路进行深入分析和优化。

ISE 支持业界通用的硬件描述语言(HDL),包括 Verilog 和 VHDL,这使得不同背景和经验水平的设计师都能快速上手 ISE,并根据自己的偏好选择合适的语言。无论是手写 HDL 代码还是使用图形化的原理图设计方式,ISE 都能提供良好的支持。

ISE 的一大亮点是其全面的自动化设计流程。从 HDL 代码的综合、逻辑优化到布局布线、时序分析,再到最终的比特流生成,ISE 提供了一系列自动化工具,大大降低了设计的复杂性,提高了开发效率。设计师只需专注于设计本身,而将大量烦琐的工作交给软件处理,从而节省了大量的时间和精力。

除了完善的设计流程外,ISE 还拥有丰富的 IP 核和模块库。这些预先验证过的模块,如各类算术运算单元、存储器、DSP 模块等,可以直接集成到设计中,极大地方便了复杂电路的构建。设计师无须从零开始设计每一个模块,而是可以站在前人的肩膀上快速完成设计任务。

为了验证设计的正确性,ISE 配备了强大的仿真和调试工具。设计师可以使用 ISE Simulator 对电路进行各种测试,包括功能仿真、时序仿真等。通过观察信号波形,设计师可以直观地判断电路是否按预期工作,及时发现和定位问题。同时,ISE 还支持在实际硬件上进行调试,提供了 ChipScope 等在线调试工具,以方便设计师对实际运行的电路进行检测和分析。

ISE 支持多种 Xilinx 器件,从早期的 Spartan、Virtex 系列到现在的 7 系列、Zynq 器件等。ISE 的最新版本是 14.7,于 2013 年发布。随着 Xilinx 器件的不断发展,Xilinx 也推出了新一代的设计工具 Vivado Design Suite。对于 7 系列及更新的器件,Xilinx 建议设计师迁移到 Vivado 以获得更高的设计效率和性能。但对于早期器件的开发,用户购买 Vivado 时仍然可以获得 ISE 的许可。

对于初学者和预算有限的设计师,Xilinx 还提供了免费的 ISE WebPack Edition。虽然功能有所限制,但对于学习 FPGA 开发和实现中小型项目已经足够。在本书中,我们将使用一款搭载 Xilinx Spartan-6 XC6SLX45 FPGA 芯片的 EES286 验证平台,并使用 ISE 工具进行开发。

总之,Xilinx ISE 是一款功能丰富、易于使用的 FPGA 设计工具,适用于各种数字逻辑设计和嵌入式系统开发任务。无论你是初学者还是有经验的设计师,ISE 都能提供一个高效、可靠的开发平台,帮助你将创意转化为现实。在学习本书的过程中,我们将充分利用 ISE 的强大功能,一步步地实现从简单电路到复杂微系统的设计与开发。

4.2 Xilinx ISE 下载及安装

要开始使用 Xilinx ISE 进行 FPGA 设计,首先需要下载并安装该软件。本节将详细介绍 ISE 的下载和安装过程,并提供一些实用的技巧,以顺利完成软件的安装和配置。

获取 ISE 安装包的最佳方式是访问 Xilinx 的官方网站(www.xilinx.com)。在网站的下载页面中可以找到各个版本的 ISE 安装包,以及相关的文档和支持资源。

在选择下载版本时,请务必注意以下几点。

(1) 操作系统兼容性:确保选择与操作系统相匹配的 ISE 版本。ISE 支持 Windows、Linux 等主流操作系统,但不同版本可能有所差异。

(2) 器件系列支持:如果设计针对特定的 Xilinx 器件系列,如 Spartan、Virtex 等,请选择支持该系列器件的 ISE 版本。

(3) 软件版本:一般来说,建议选择最新的稳定版 ISE,以获得最佳的性能和功能支持。但对于一些特殊需求,如对旧版本工程的兼容性,可能需要选择特定的 ISE 版本。

本书将使用 ISE 14.7 版本,这是适用于 Spartan-6 和更早器件开发的最新 ISE 版本。

下载完成后,会得到一个压缩格式的安装包。在安装之前,请仔细阅读随附的版本说明和安装指南,了解可能存在的系统要求和注意事项。通常,ISE 的安装需要以下 6 个步骤。

(1) 解压安装包:将下载得到的压缩文件解压到一个合适的位置,如 C 盘或其他目录。

(2) 运行安装程序:找到解压后的目录,双击运行安装程序,通常是名为 setup.exe 或类似的可执行文件。图 4.1 展示了 ISE 安装程序的欢迎界面。

(3) 选择安装选项:在安装向导的指引下,选择合适的安装选项,如安装路径、需要

图 4.1 ISE 安装程序的欢迎界面

安装的组件等。对于初学者,建议选择默认的完整安装,以确保所有必要的工具和库都能正确安装。

(4) 输入许可信息:对于 ISE WebPack Edition,无须输入许可证信息,可以直接进入下一步。

(5) 等待安装完成:安装过程可能需要几分钟到几十分钟,具体取决于计算机的性能和选择的安装选项。在这个过程中,安装程序会将 ISE 的各个组件复制到计算机上,并进行必要的配置。图 4.2 展示了 ISE 的安装进度界面。

(6) 完成安装:当安装进度达到 100% 时,ISE 就安装完成了。此时,可以在"开始"菜单或桌面上找到 ISE 的快捷方式,双击即可启动软件。图 4.3 展示了 ISE 安装完成后的界面。

在首次启动 ISE 时,可能需要进行一些初始设置,如选择工作目录、配置编辑器选项等。这些设置可以根据用户的偏好和习惯进行调整,以获得更好的使用体验。此外,建议用户花一些时间浏览 ISE 的帮助文档和教程,熟悉软件的界面和基本操作,为后续的设计工作做好准备。

需要注意的是,ISE 作为一款专业的 FPGA 设计工具,对计算机的性能有一定的要求。为了获得流畅的设计体验,建议使用配置较高的计算机,如多核 CPU、8GB 以上内存、独立显卡等。同时,确保计算机有足够的磁盘空间来存储 ISE 的安装文件和设计数据。

有时,在安装或使用 ISE 的过程中可能会遇到一些问题,如软件闪退、无法找到下载电缆等,下面给出几个常见问题的解决方法。

1. ISE 闪退问题

找到 ISE 的安装路径,例如"X:\Xilinx\14.7\",然后找到以下两个文件夹:

第4章 Xilinx ISE 开发环境

图 4.2　ISE 的安装进度界面

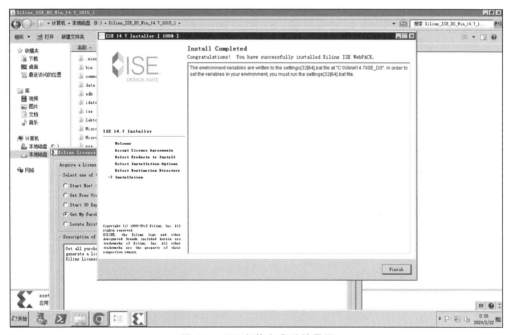

图 4.3　ISE 安装完成后的界面

```
X:\Xilinx\14.7\ISE_DS\ISE\lib\nt64
X:\Xilinx\14.7\ISE_DS\common\lib\nt64
```

首先，在第一个文件夹中重命名"libPortability.dll"为"libPortability.dll.orig"，然后

复制"libPortabilityNOSH.dll"的一个副本并重命名为"libPortability.dll"。接着,在第二个文件夹中,用之前得到的新的"libPortability.dll"覆盖原有文件。这样应该就可以解决 ISE 闪退问题。

2. Xilinx 下载电缆找不到的问题

在 Windows 10 系统下,即使正确安装了驱动程序,在 iMPACT 或 ChipScope 中仍可能遇到找不到电缆的错误。此时,可以进入以下目录:

```
X:\Xilinx\14.7\ISE_DS\common\bin\nt64
```

双击运行"install_drivers.exe",如果计算机有连接下载电缆,请按照提示断开连接。安装完成后,下载电缆应该就可以正常使用了。

总之,通过适当的下载和安装步骤,用户可以在自己的计算机上成功安装 Xilinx ISE 设计软件。在接下来的学习中,我们将进一步探索 ISE 的功能和使用技巧,帮助你掌握这一强大的 FPGA 设计工具。

4.3 创建 ISE 工程

安装 ISE 软件后,就可以开始创建 FPGA 设计工程了。本节将以 EES286 验证平台为例,演示如何在 ISE 中新建一个工程,并进行基本的设置。

首先打开 ISE 软件,在 File 菜单下选择 New Project,或单击工具栏上的 New Project 图标,打开新建工程向导。在 Project Name 和 Project Location 中分别输入工程名称和路径,然后单击 Next 按钮。

在 Project Settings 页面,我们需要根据 EES286 平台的具体情况进行设置。对于 Product Category 选择 All;Top-Level Source Type 选择 HDL;Synthesis Tool 选择 XST(VHDL/Verilog);Simulator 选择 ISim(VHDL/Verilog);在 Preferred Language 中,可以根据自己的偏好选择 VHDL 或 Verilog。

接下来,在 Project Summary 页面,我们需要指定 FPGA 器件的型号。单击 New Project Summary 区域右下角的 Add Source 按钮,在弹出的菜单中选择 Add Existing Sources 添加现有源文件。在文件选择对话框中选择要添加到工程的 HDL 源文件,如 top.v 或 main.vhd,然后单击 Open 按钮确认。注意,工程中至少要包含一个顶层 HDL 文件。

最后,单击 Next 按钮进入 Select Device 界面,这里需要根据 EES286 验证平台的实际情况选择合适的器件型号和封装。对于 Spartan-6 系列,选择 Family 为 Spartan6,Device 为 XC6SLX45,Package 为 FGG676,Speed 为−3。选择完成后单击 Next 按钮,再单击 Finish 按钮完成新建工程向导。图 4.4 展示了在 ISE 中成功创建 EES286 工程后的界面。

在工程创建完成后,就可以在 ISE 集成开发环境中编写 HDL 代码,进行综合、仿真、下载等一系列开发步骤了。ISE 提供了 Design、Simulation、Implementation 等不同的视图界面,以便用户管理设计文件和运行相关任务。

第 4 章 Xilinx ISE 开发环境

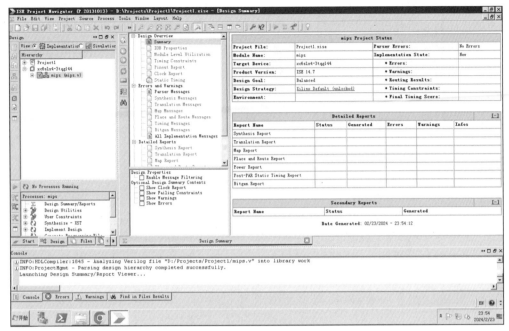

图 4.4 ISE 工程管理界面

需要注意的是，在创建工程时选择正确的器件型号和封装非常重要，这将直接影响后续综合和下载的结果。如果选择了错误的器件，综合可能会失败，或者即使综合通过，生成的比特流文件也无法在实际硬件上运行。因此，在创建工程之前，一定要仔细检查开发板的器件型号，确保在 ISE 中选择了正确的参数。

4.4 基于 Xilinx ISE 的开发流程

基于 Xilinx ISE 的开发流程是 FPGA 设计中的一个基本框架，它将复杂的设计任务划分为几个关键阶段，从最初的概念设计到最终的硬件实现。以下是这一流程的主要步骤：

（1）需求分析与规划；
（2）电路设计与实现；
（3）综合与优化；
（4）下载与调试。

每个步骤都有其特定的目标和关注点，通过这些步骤的有序组合，设计师可以高效、可靠地完成 FPGA 电路的开发。下面详细探讨每个步骤的内容和重要性。

4.4.1 需求分析与规划

任何成功的 FPGA 设计都始于全面的需求分析和周密的规划。在这个阶段，设计师需要明确定义电路的功能需求、性能指标、接口规范等关键要素，并评估可行的技术方案。通过与客户或项目相关人员的沟通，设计师需要深入理解设计的目的和约束条件，并将其转化为明确的工程目标。同时,还需要考虑设计的可行性、成本、开发周期等因素,制订合理的项目计划和里程碑。

良好的需求分析和规划是整个设计流程的基础,它为后续的设计实现提供了明确的方向和参考。通过这一步骤,设计师可以避免在开发过程中出现重大偏差或返工,从而节省时间和资源。

在本节的示例中,我们将设计一个简单的算术逻辑单元(ALU),它需要支持加法、减法、与、或四种操作,并具有两个 4 位输入和一个 4 位输出。在开始设计之前,我们需要明确 ALU 的功能需求、接口定义、时序要求等关键信息,并制订相应的设计计划。

4.4.2 电路设计与实现

在明确了设计需求后,下一步就是进行具体的电路设计和实现。这一阶段的核心任务是使用硬件描述语言(如 Verilog 或 VHDL)编写 RTL(Register Transfer Level)代码,描述电路的结构和行为。设计师需要根据需求选择合适的算法和架构,并将其转化为高效、可综合的 RTL 代码。在编写代码的过程中,设计师还需要考虑电路的模块化、可重用性、可测试性等因素,以提高设计的质量和效率。以下是 ALU 的 Verilog 代码示例:

```
ALU.v
module alu(
    input [3:0] a,
    input [3:0] b,
    input [1:0] op,
    output reg [3:0] y
);

always @(*) begin
    case(op)
        2'b00: y = a + b;
        2'b01: y = a - b;
        2'b10: y = a & b;
        2'b11: y = a | b;
    endcase
end

endmodule
```

在这个示例中,ALU 模块有两个 4 位输入 a 和 b,一个 2 位的操作码输入 op,以及一个 4 位的输出 y。通过 always 块和 case 语句,我们可以根据不同的操作码选择相应的运算(加法、减法、与、或),并将结果赋值给输出 y。

为了验证 ALU 的功能,我们还需要编写相应的测试文件(test bench)。以下是一个简单的 ALU 测试文件示例:

```verilog
Test.v
module alu_tb;

reg [3:0] a;
reg [3:0] b;
reg [1:0] op;
wire [3:0] y;

alu dut(a, b, op, y);

initial begin
    a = 4'h3; b = 4'h5; op = 2'b00;
    #10 op = 2'b01;
    #10 op = 2'b10;
    #10 op = 2'b11;
    #10 $finish;
end

initial begin
    $monitor("Time %t: a=%h, b=%h, op=%b, y=%h", $time, a, b, op, y);
end

endmodule
```

在这个测试文件中，我们首先实例化了被测试的 ALU 模块(dut)，然后通过 initial 块设置输入信号的初始值，并在不同的时间点更改操作码，以验证 ALU 在不同操作下的正确性。同时，我们还使用 $monitor 任务在每个时间点打印输入和输出信号的值，以便观察和调试电路。

为了运行仿真测试，我们可以使用 ISE Simulator(ISim)。以下是在 ISE 中使用 ISim 进行仿真的基本步骤。

(1) 在 ISE 的 Simulation 视图中，右击测试文件，选择 Set as Top Module 并将其设置为顶层模块。

(2) 右击测试文件，选择 Simulate Behavioral Model，启动 ISim 仿真器。

(3) 在 ISim 窗口中，单击 Run All 按钮(或使用快捷键 F12)运行完整的仿真。

(4) 仿真完成后，在 Instance and Process Name 窗口中选择要观察的信号，并在 Wave Window 中查看它们的波形图。

(5) 如果需要更详细地了解信号的变化，可以在 Console 窗口中查看 $monitor 语句的输出。

图 4.5 展示了 ALU 仿真结果的波形图。

通过 ISim，设计师可以方便地对电路进行功能验证，从而及时发现和解决设计中的问题。如果仿真结果与预期不符，设计师则可以返回到设计阶段修改 RTL 代码，然后重新进行仿真，直到满足所有需求为止。

在编写 RTL 代码时，设计师需要注意可综合性的问题。综合工具只能处理符合特

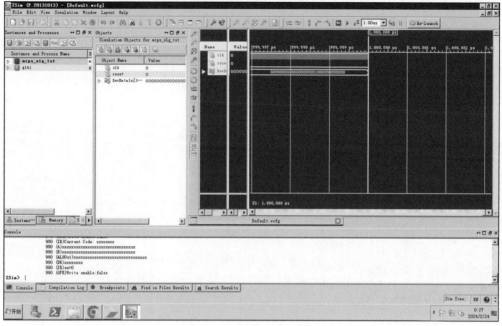

图 4.5 ALU 仿真结果的波形图

定规则的 RTL 代码，将其转换为实际的硬件电路。以下是一些常见的可综合和不可综合的元素。

可综合的元素：
- 组合逻辑电路，如 assign 语句、always 块（组合逻辑）等；
- 时序逻辑电路，如 always 块（时序逻辑）、flip-flop 等；
- 有限状态机(FSM)；
- 基本的运算和逻辑操作，如加法、减法、位运算等。

不可综合的元素：
- 延迟语句，如 # 延迟；
- 初始化语句，如 initial 块；
- 非法的延迟赋值；
- 递归调用模块；
- 动态内存分配；
- 某些系统任务，如 $ display、$ monitor 等（仅用于仿真）。

设计师需要避免在 RTL 代码中使用不可综合的元素，否则会导致综合失败或产生错误的电路。如果遇到无法综合的问题，则可以仔细检查代码，排查是否包含不可综合的结构。

4.4.3 综合与优化

在完成 RTL 代码编写和功能验证后，下一步就是使用 ISE 的综合工具，将 HDL 代码转换为最优化的逻辑门级电路。综合过程会根据设计约束（如时钟频率、面积限制等）

自动优化电路,以满足设计要求。

对于我们的 ALU 设计,综合工具会将 RTL 级的描述转换为最优化的逻辑门和连线。设计师可以通过配置综合选项,如优化策略、资源共享等,来控制综合的结果。

综合完成后,ISE 会生成一份综合报告,详细列出 ALU 的资源使用情况、时序性能等关键指标。设计师需要仔细查看这些报告,确保电路满足设计要求,并识别可能的优化空间。

如果综合结果不理想,设计师则应该返回到电路设计阶段修改 RTL 代码或调整综合选项,然后重新综合,直到达到满意的结果。这个过程可能需要多次迭代,需要设计师具有丰富的经验和良好的判断力。

在综合过程中,设计师可能会遇到以下常见的问题。

- 组合逻辑环路:当组合逻辑电路中存在环路时,综合工具无法正确处理,需要重新设计电路以消除环路。
- 时序违例:当电路的时序要求无法满足时,如 setup time 或 hold time 违例,需要调整时钟约束或优化电路以解决问题。
- 资源超限:当电路使用的资源超过 FPGA 器件的限制时,需要优化电路以减少资源占用,或选择更大的 FPGA 器件。

当遇到这些问题时,设计师需要仔细分析综合报告,定位问题的根源,并采取相应的措施进行解决。

4.4.4 下载与调试

当综合优化完成后,就可以将生成的门级电路下载到实际的 FPGA 器件中,进行硬件验证和调试。ISE 提供了丰富的下载和调试工具,支持多种下载方式(如 JTAG、SelectMAP 等),以及强大的在线调试功能。

对于我们的 ALU 设计,可以使用 ISE 的 iMPACT 工具,通过 USB JTAG 接口将比特流文件下载到 EES286 验证平台上。为了让 ALU 的输入和输出与 EES286 开发板上的按键、开关和 LED 灯连接起来,需要在设计中添加相应的引脚约束。以下是一个示例约束文件(UCF):

```
NET "a[0]" LOC ="G18";      #连接到开关 SW0
NET "a[1]" LOC ="H18";      #连接到开关 SW1
NET "a[2]" LOC ="K18";      #连接到开关 SW2
NET "a[3]" LOC ="K17";      #连接到开关 SW3
NET "b[0]" LOC ="L14";      #连接到开关 SW4
NET "b[1]" LOC ="L13";      #连接到开关 SW5
NET "b[2]" LOC ="N17";      #连接到开关 SW6
NET "b[3]" LOC ="R17";      #连接到开关 SW7
NET "op[0]" LOC ="B18";     #连接到按键 BTNU
NET "op[1]" LOC ="D18";     #连接到按键 BTNR
```

```
NET "y[0]" LOC ="J14";        #连接到 LED 灯 LD0
NET "y[1]" LOC ="J15";        #连接到 LED 灯 LD1
NET "y[2]" LOC ="K15";        #连接到 LED 灯 LD2
NET "y[3]" LOC ="K14";        #连接到 LED 灯 LD3
```

在这个约束文件中,我们将 ALU 的输入 a 和 b 连接到 EES286 上的 8 个开关(SW0~SW7),将操作码输入 op 连接到两个按键(BTNU 和 BTNR),并将输出 y 连接到 4 个 LED 灯(LD0~LD3)。这样,我们就可以通过开关和按键来控制 ALU 的输入,并通过 LED 灯来观察输出结果。

添加约束文件后,我们需要重新综合和下载设计,以确保约束生效。然后,我们可以使用 ChipScope 等在线调试工具实时监测 ALU 内部的信号变化,例如,输入和输出信号的值、内部节点的状态等,以定位和诊断潜在的问题。如果在硬件调试过程中发现问题,设计师可能需要返回到前面的设计、综合等阶段,进行相应的修改和优化,然后重新下载和调试,直到电路满足所有设计要求为止。

下载和调试是整个开发流程的最后一个阶段,也是验证设计正确性的关键一步。通过反复的测试和优化,设计师可以最终确保 ALU 在实际硬件环境中的可靠运行,为后续的产品化和量产做好准备。

以上就是基于 Xilinx ISE 的 FPGA 开发流程的四个主要阶段,以及一个简单的 ALU 设计示例。通过对每个阶段的深入理解和实践,设计师可以高效、可靠地完成复杂的 FPGA 设计任务,创建出功能强大、性能卓越的数字系统。当然,这个过程需要设计师具备扎实的数字逻辑知识、硬件描述语言技能,以及丰富的开发经验。但是,通过不断的学习和实践,相信读者一定能够掌握这些技能,成为一名优秀的 FPGA 设计师。

4.5 本章小结

本章全面介绍了 Xilinx ISE 开发环境的相关内容,包括软件的基本概念、安装使用方法,以及基于 ISE 的完整 FPGA 设计开发流程。本章以具体的 ALU 设计为例,详细讲解了从设计输入到最终硬件实现的各环节,包括需求分析、电路设计与实现、综合与优化、下载与调试等,并针对每个阶段提供了相应的示例和注意事项。通过本章的学习,读者可以系统掌握 ISE 的使用方法和 FPGA 设计的基本流程,并能够将所学知识应用到实际的设计实践中。需要指出的是,FPGA 设计是一个复杂而广阔的领域,本章只是一个入门指引。在实际应用中,设计师还需要不断学习和实践,掌握更多的设计工具、技术和方法,并在项目实践中积累经验。

第 5 章　MIPS 单周期主机设计

5.1　MIPS 单周期主机设计思想

MIPS 的硬件基本架构依然遵循冯·诺依曼体系架构,由控制器、运算器、存储器、输入设备和输出设备五部分构成。为了简化设计过程,本章只考虑能够实现必需指令集的单周期主机设计。对于单周期主机,所有指令的执行过程在一个统一的时间段内,这个时间段就是执行周期,因此每条指令的执行过程不用考虑具体的时钟控制,所有指令的数据通路可以看作一个组合逻辑。主机包括 CPU 和主存,从设计的角度可以分为控制器和数据通路。控制器是 CPU 的主要部分,是整个机器的大脑,用来告诉数据通路需要做什么,单周期控制器不涉及阶段控制,设计比较简单。而数据通路就相当于整个机器的身体,包括能够完成必需指令集的所有必备硬件,单周期数据网络也不需要考虑分割子阶段的问题。

单周期主机设计遵循从机器指令集开始的设计方法,具体设计步骤包括如下五个步骤,其中步骤(1)~(3)完成数据通路设计;步骤(4)~(5)是控制器设计。

(1) 分析指令集,从而得出数据通路的需求。
(2) 根据需求,选择数据通路所需的组件,并确立时钟方法。
(3) 组装并连接数据通路中的各个组件,迎合需求。
(4) 分析每条指令功能,确定影响寄存器传输的相应控制点。
(5) 组装实现控制逻辑,即形成逻辑表达式,进而完成硬件控制电路设计。

5.1.1　数据通路设计

本节以 MIPS 指令子集{addu、subu、ori、lw、sw、beq}为例,说明数据通路设计的 3 个步骤过程。

1. 分析指令集,从而得出数据通路的需求

分析指令集需要参考 *MIPS32® Architecture For Programmers Volume Ⅱ: The MIPS32® Instruction Set* 中每条指令的具体要求。图 5.1 是 addu 指令的详细说明,从图中可知该指令是一个无符号加法指令,参加加法的操作数放在寄存器组中,地址分别由 rs 和 rt 给出,结果也放在寄存器组中,地址由 rd 给出。指令保存在主存中,执行时除了考虑该指令的具体功能外,还需要考虑每条指令都需要的"取指令"功能,以及"形成下一条指令地址"的功能。取指令是指由指令指针 PC 提供指令地址,按 PC 给出的指令地址从主存中读出指令,根据机器指令类型 R、I 以及 J 将读出的机器指令分成对应的不同段。形成下一条指令地址由指令指针 PC 自加 4(以字节为单位)或者自加 1(以字为单位)来实现。从这些分析可以知道,要完成 addu 指令,硬件方面至少需要主存(简称 MEM)、加法器、寄存器组(简称 GPR)、指令指针寄存器(简称 PC),以及实现 PC 自加的另一个加法器。

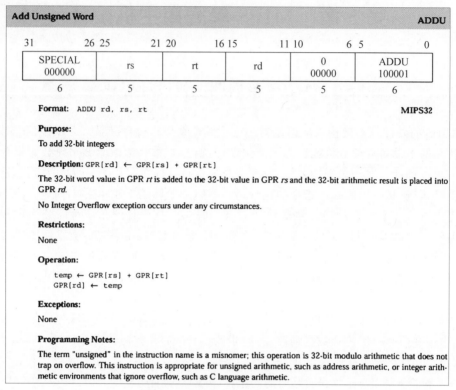

图 5.1 addu 指令的详细具体说明

将上述分析综合起来,可以使用寄存器传输级 RTL 简要说明。在数位电路设计中,寄存器传输级(Register-Transfer Level,RTL)是一种对同步数位电路的抽象模型,这种模型是根据数字信号在硬件寄存器、存储器、组合逻辑装置和总线等逻辑单元之间的流动,以及其逻辑代数的运作方式来确定的。表 5.1 是 MIPS 指令子集涉及的 6 条指令的 RTL 描述。

表 5.1 MIPS 指令子集功能的 RTL 描述

指令类型	指 令	RTL 描述	功 能 解 释
R	ADDU	{op,rs,rt,rd,shamt,funct}← MEM [PC]; R[rd]←R[rs]+R[rt]; PC←PC+4	取指令; 做加法; 形成下一条指令地址
R	SUBU	{op,rs,rt,rd,shamt,funct}← MEM [PC]; R[rd]←R[rs] - R[rt]; PC←PC+4	取指令; 做减法; 下一条指令地址

续表

指令类型	指 令	RTL 描述	功 能 解 释
I	ORI	{op,rs,rt,imm16}← MEM[PC]; R[rt]←R[rs]|zero_ext(imm16); PC←PC+4	取指令; 立即数 0 扩展后做或运算; 下一条指令地址
I	LW	{op,rs,rt,imm16}← MEM[PC]; R[rt]← MEM[R[rs]+sign_ext(imm16)]; PC←PC+4	取指令; 立即数符号扩展,加上 rs 形成地址,读主存中该地址中的数据传输到寄存器 rt 中; 下一条指令地址
I	SW	{op,rs,rt,imm16}← MEM[PC]; MEM[R[rs]+sign_ext(imm16)]←R[rt]; PC←PC+4	取指令; 立即数符号扩展,加 rs 形成地址,将寄存器 rt 中数据写到主存中该地址单元; 下一条指令地址
I	BEQ	{op,rs,rt,imm16}← MEM[PC]; if (R[rs] == R[rt]) 　　then PC ← PC + 4 + (sign_ext(imm16) || 00) 　　else PC←PC+4	取指令; 通过减法条件判断,如果成立,则转移到特定地址(特定地址等于下一条指令地址加上立即数符号扩展后左移两位);如果不成立,则顺序执行

2. 根据需求,选择数据通路所需组件,并确立时钟方法

从 RTL 描述可以看出,整个数据通路需要存储部件主存,用于预装指令和存储数据,而且根据这两个不同功能,可以将主存分为两个独立部件,一个只用于预装指令(简称指令存储器 IM),可以用只读存储器 ROM 实现,另一个用于存储数据(简称数据存储器 DM),可以用可读可写的 RAM 实现。我们需要一个通用寄存器组(简称 GPR),用于存储操作数和结果,根据 MIPS 架构特点可以设置成 32 个 32 位的通用寄存器以完成数据读写操作;需要加法部件、减法部件和或运算部件,用于完成指令部分的"加""减""或"运算,这些部件可以直接组合成包含多种运算的运算器(简称 ALU),另外还需要一个额外的加法器(简称 ADDER)完成指令指针 PC 的加法运算。此外,我们还需要一个扩展部件(简称 EXT),用于进行数据的两种扩展——0 扩展和符号扩展;需要一个指令指针 PC,用来指明下一条指令的地址;此外可能还需要多路选择部件(简称 MUX),用于控制选择;需要分线器(简称 SPLITTER),用于分割线路等。

从信号数字设计的角度,这些部件可以分为两大类,一类是组合元件,另一类是存储或状态元件。组合元件不需要时钟控制,输入就位后,输出就可以直接获取,如图 5.2 所示。状态或存储元件一般分为读或写两种状态,读状态时,属于组合元件;而写状态时,需要额外的时钟以及写使能信号控制,如图 5.3 所示。

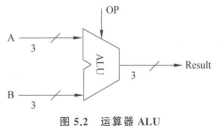

图 5.2 运算器 ALU

3. 组装并连接数据通路中各个组件,迎合需求

组装过程也是基于指令功能进行逐步增加

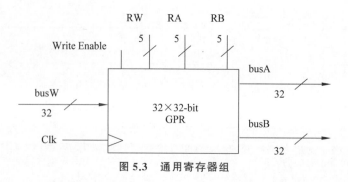

图 5.3 通用寄存器组

的,第一条指令 ADDU 需要的部件组装完成后,图 5.4 就是 ADDU 必需数据通路图,相同名称的连线可以直接相连,CLK 是所需时钟信号,需要外部输入,RegWr 是寄存器写使能信号,ALUctr 是运算器控制信号,它们都属于控制信号,最终来源于控制器。

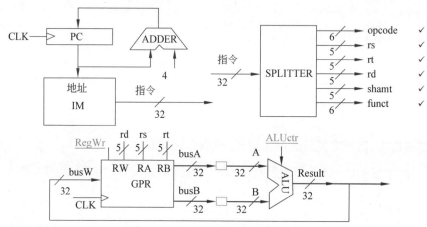

图 5.4 ADDU 的数据通路连线图

接下来需要做的就是以此数据通路图为基础,逐条增加指令,并根据新增指令功能修订现有的数据通路图,当所有子集中的指令都增加完成后,则获得子集所需数据通路图。这一过程在此不再赘述。图 5.5 就是最终子集通路图,其中 IFU 是取指令单元,比较复杂,用虚线框标识。至此,数据通路图就设计完成了。

5.1.2 控制器设计

1. 分析每条指令功能,确定影响寄存器传输的相应控制点

控制器设计的第一步是逐条分析指令功能,并在数据通路图中动态标识出来,这一过程可以确定每条指令中所需的控制信号取值。图 5.6 是 ADDU 指令的动态运行图,其中绿色连线表示数据在元件之间的流动。我们从取指令部件开始分析信号取值,取指令部件中只要 PC 输出地址,IM 就直接输出对应指令,因为 ADDU 是 R 型指令,所以会分割成{op,rs,rt,rd,shamt,funct}六部分。{op,funct}是确定指令具体功能的核心部分,会送到控制器中进行译码,{rs,rt}确定 GPR 中两个具体寄存器,并读出两个操作数,分别通过 busA 和 busB 送到 ALU 中进行加法运算,因此 ALUctr 这个控制信号就取值

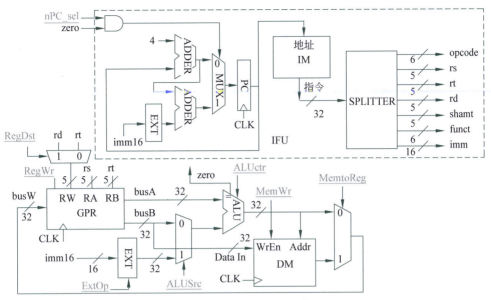

图 5.5　MIPS 子集数据通路图

"Add"。ALUSrc 这个控制多路选择器的信号取值就是"0",计算结果通过另一个多路选择器被写回到寄存器组中 rd 指示的寄存器中,要完成这一功能,需要 MemtoReg 和 RegDst 这两个多路选择信号取值分别为"0"和"1",RegWr 寄存器写使能取值"1"激活写操作,取指令部件还需要完成形成下一条指令地址的任务,因此 nPC_sel 控制信号取值"PC+4"。还有两个控制信号,不涉及 ADDU 指令的数据流动,但 MemWr 存储器写使能信号,在不进行 DM 写操作时只能取值"0",另一个 EXTOp 控制扩展器功能的信号对 ADDU 指令可以任意取值"X"。

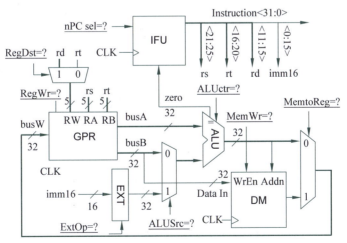

图 5.6　ADDU 指令的动态运行图

每一条新增指令经过上述动态分析过程后,就会得出 MIPS 指令子集所有指令对应的控制信号,如表 5.2 所示。其中,nPC_sel 控制信号目前只有两种对应取值,"PC+4"表示顺序执行,'beq'表示可能跳转,因此可以对应设置成"0"和"1"。ALUctr 控制信号有 3 种取值,分别表示加、减、或三种操作,一位无法完成,需要两位才能标识。两位取值表示 3 种操作,例如可以用"00"表示加,"01"表示减,"10"表示或。表 5.2 上边的两行对应每条具体指令的机器码中需要译码的核心部分{op,funct},具体编码值可以通过查指令手册获取。得到这个控制信号表后,我们就可以进行下一步骤了。

表 5.2 MIPS 指令子集控制信号表

		addu	subu	ori	lw	sw	beq
查MIPS指令手册	func	10 0000	10 0010	n/a			
	op	00 0000	00 0000	00 1101	10 0011	10 1011	00 0100
控制信号	RegDst	1	1	0	0	X	X
	ALUSrc	0	0	1	1	1	0
	MemtoReg	0	0	0	1	X	X
	RegWrite	1	1	1	1	0	0
	MemWrite	0	0	0	0	1	0
	nPC_sel	PC+4	PC+4	PC+4	PC+4	PC+4	1
	ExtOp	X	X	0	1	1	X
	ALUctr<1:0>	Add	Subtract	Or	Add	Add	Subtract

所有支持的指令

2. 组装实现控制逻辑,即形成逻辑表达式,从而设计电路

根据表 5.2,我们可以写出控制信号的逻辑表达。其中第一步需要根据指令中{op,funct}的值生成指令变量,即各个具体指令。这是一个典型的"与逻辑",以 add 指令为例,其 op 的 6 位全为 0,即 op[5]~op[0],funct 只有最高位是 funct[5]为 1,其余也全为 0,将这些位直接"与"就得到了 add 的指令变量。下边是 add 指令变量的逻辑表达式。参考这种方式,每条指令都可以得到对应的逻辑变量,这样就完成了第一步。

```
add = op[5]' • op[4]' • op[3]' • op[2]' • op[1]' • op[0]' • funct[5] • funct[4]' •
      funct[3]' funct[2]' • funct[1]' • funct[0]'
```

接下来就要根据表 5.2 为每行的每个控制信号生成一个由指令变量表达的逻辑表达式。根据数字逻辑化简规范,可以根据取值"1"生成一个"或逻辑"表达式。为了简化,当控制信号为任意值"X"时,可以取值"0"。下面是控制信号 RegWrite 的"或逻辑"表达式样例,即当是 addu、subu、ori、lw 指令时,控制信号 RegWrite 为"1",有效。其他控制信号同样处理,就可以得到所有控制信号的逻辑表达式:

```
RegWrite =addu +subu +ori +lw
```

有了控制信号的逻辑表达式,就可以画出组合逻辑电路图,如图 5.7 所示。

MIPS 单周期主机的数据通路和电路级别的控制器设计过程已经介绍完毕,我们学习了上述设计思想,就可以依托不同平台设计完成电路级别的设计和硬件描述语言级别的主机设计。结合前边介绍的 Logisim 平台和 iverilog+GTKWave 平台的相关知识,下面分别通过两个样例详细介绍依托这些平台实现部件设计的过程。

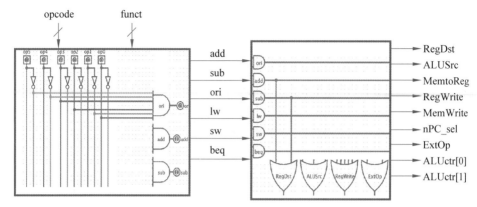

图 5.7 控制器最终电路图样例

5.2 基于 Logisim 的取指部件 IFU 设计样例

了解了上述设计思想,就可以使用合适的设计平台完成主机设计了。本节以取指部件 IFU 为例,详细说明在 Logisim 平台如何完成具体的电路设计。

IFU 是 CPU 的一个组件,在 Logisim 中单击左上角的加号,选择添加子电路,将其命名为 IFU。IFU 的结构如图 5.8 所示,其核心部件包括 PC、指令存储器,以及下地址生成逻辑。

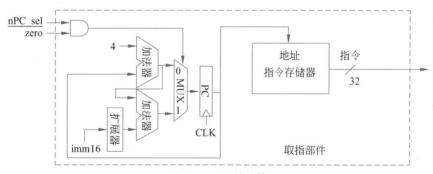

图 5.8 IFU 的结构

首先添加 PC。PC 是用来存储指令地址的,如图 5.9 所示,在存储库中选择寄存器作为实现 PC 的元件。寄存器默认位宽为 8 位,需要将其修改为 32 位。在 Logisim 左下角的属性窗口将数据位宽设置为 32,并为其添加标签 PC。

指令存储器的容量要求为 1KB,用 ROM 实现。由于指令存储器是按字节存储的,因此需要将存储器分为 4 个存储体,每个存储体 8 位,即 1 字节,拼在一起为一条 32 位的指令。每个存储体的存储空间为 256B,地址位宽为 8 位。在 Logisim 中,选择存储库中的 ROM 用来实现指令存储器,需要 4 个。默认的数据位宽和地址位宽均为 8 位,恰好符合我们的要求。那么,32 位的 PC 该如何和 4 个存储体的 8 位地址线相连呢?PC 访问指令存储器给出的应当是字地址,而 PC 的低两位用来作为存储体的选择,因此 PC[9:2]这 8

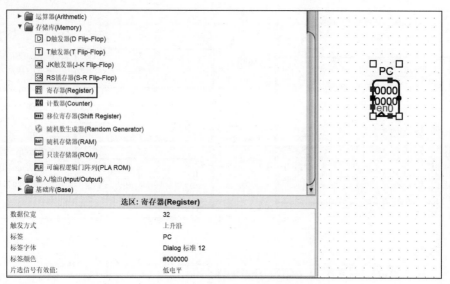

图 5.9 Logisim IFU PC 设计

位应当和存储体的 8 位地址线相连。如图 5.10 所示,在管理窗口中选择分线器,设置其为 32 位,将 PC 分为 3 组,第一组为 PC[10:0],去掉其中的第 0 位、第 1 位和第 10 位,即为 PC[9:2],我们只需要这一组。将该分线器左端和 PC 相连,右端的 PC[9:2]分别与 4 个存储体的地址线相连,这样便实现了 PC 对访存地址的提供。

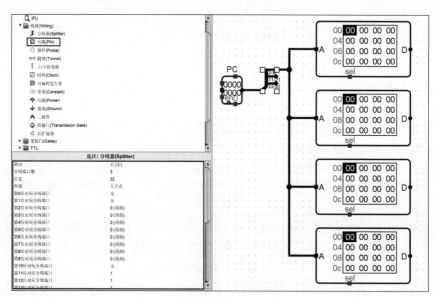

图 5.10 Logisim IFU 指令存储器设计

接下来我们需要将 4 个存储体各自的 8 位输出拼接为一条 32 位指令。这同样需要用到了分线器,选择其为 32 位、4 组,调整其方向为左(西)。此时分线器的低 8 位在上方,高 8 位在下方,和存储体的排列相反,因此,右击分线器选择"分线端降序排列",使其排列顺序与存储体一致,再将分线端分别与 4 个存储体的数据端相连,这样便完成了指令的拼接,如图 5.11 所示。我们将分线器的右端连接到一个 32 位的输出引脚,此时,输出的指令为 32 位二进制数,为了方便观测,我们在输出端添加一个探针,并设置其为十六进制。

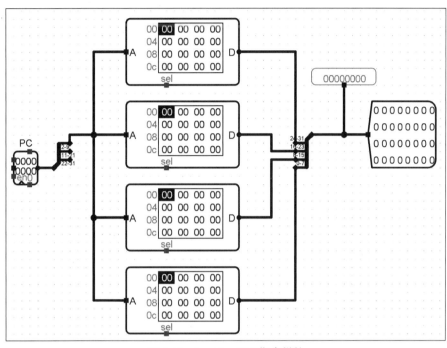

图 5.11　Logisim IFU 指令拼接

下一步是添加下地址生成逻辑。如图 5.12 所示,下地址生成逻辑的元器件主要包括一个二选一的选择器、两个加法器、一个扩展器和一个与门。在 Logisim 中,选择"复用器"→"多路选择器",设置其选择位宽为 1 位,数据位宽为 32 位,将其右端和 PC 相连。选择"运算器"→"加法器",添加两个加法器,放在选择器左侧,设置其位宽为 32 位,并按照图 5.12 进行连接。其中,上方的加法器的一个输入端口和 PC 相连,另一个端口输入的是常数,选择"线路"→"常量",设置其数据位宽为 32 位、值为 4,该加法器完成的是 PC+4 操作。下方的加法器需要将 PC+4 和扩展并移位(乘以 4)后的立即数相加,因此额外需要一个移位器。选择"运算器"→"移位器",设置其位宽为 32 位,移位方式为逻辑左移。移位器有两个输入端,一个是需要移位的数,该端与扩展器相连,另一个是移位的位数,与常数 2 相连,表示将扩展后的数据逻辑左移两位。在移位器左侧添加扩展器,选择"线路"→"位扩展器",设置其输入位宽为 16 位,输出位宽为 32 位(将 16 位立即数扩展为 32 位),扩展方式为符号扩展。由于扩展后位宽为 32 位,因此调整移位器输入端常数 2 的位宽为 5 位即可。电路连线如图 5.12 所示。

对于 BEQ 指令,跳转地址的立即数来自指令本身,因此,扩展器的输入端来自指令的低 16 位。因此,再添加一个 32 位 2 组的分线器,将指令的低 16 位与扩展器输入端相连即可。如图 5.13 所示,由于要连接的两个位置距离较远,因此选择利用隧道(Tunnel)进行连接。隧道象征在开发板底部开辟一条通路进行连接,名称一样的隧道代表连接在一

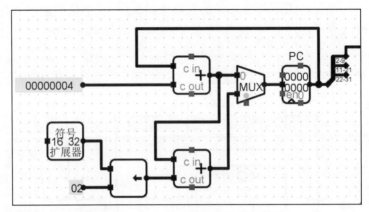

图 5.12　Logisim IFU 下地址生成逻辑设计

起。我们将指令端的分线器低 16 位以及扩展器的输入端均与隧道连接，将隧道位宽设置为 16 位，名称都设置为 imm，这样即实现了两个端口的连接。最后，我们为整个 IFU 添加输入信号，即下地址生成逻辑中二选一选择器的控制信号，以及 PC 的时钟和复位信号。按照图 5.8 所示，添加一个与门，将输入信号 npc_sel 和 zero 相与，输出连接到选择器的控制端。将输入信号 clk 和 reset 分别连接到 PC 寄存器的时钟端口和复位端口。这样就完成了整个 IFU 的设计，电路图如图 5.13 所示。

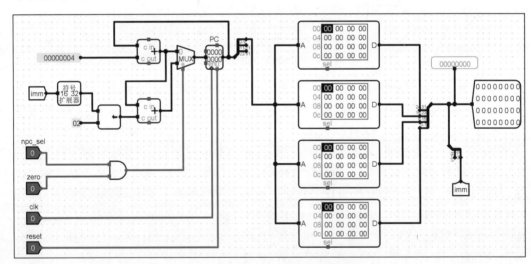

图 5.13　Logisim IFU 整体电路图

完成设计后，我们需要对电路进行验证。编写一段简单的汇编代码在 MARS 中进行编译，如图 5.14 所示，source 栏为编写的汇编代码，对应的十六进制形式的指令如 Code 栏所示。我们需要将这几条指令载入 IFU 的存储器。第一个存储体存储这几条指令的最高字节，即 34、34、00、ac；第二个存储体存储这几条指令的次高字节，即 01、02、22、03，以此类推。在电路图中，单击相应存储体的相应位置即可输入数据，输入后单击"电路仿真"→"电路复位"按钮即可看见输入的指令。将这几条指令存入后的存储器如图 5.15 所示。

Address	Code	Basic	Source
0x00003000	0x34010001	ori $1, $0, $0x000...	1: ori $1, $0, 1
0x00003004	0x34020002	ori $2, $0, $0x000...	2: ori $2, $0, 2
0x00003008	0x00221821	addu $3, $1, $2	S: addu $3, $1, $2
0x0000300c	0xac030008	sw $3, 0x0000000...	4: sw $3, 8($0)

图 5.14 Logisim IFU 测试代码

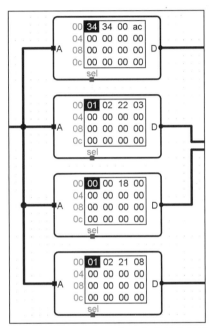

图 5.15 Logisim IFU 存入指令的存储器

存入指令后,选择"工具"(界面左上方的手指选项)选择,单击 CLK 端口,使其在 0 和 1 之间切换,模拟时钟的翻转,每到来一个时钟上升沿,PC 即输出一条指令,证明 IFU 可以正常工作。我们还可以将 npc_sel 和 zero 均置为 1,假设当前指令是 BEQ 指令且满足跳转条件,以此观察其是否能正常跳转。

5.3 基于 iverilog+GTKWave 的取指令部件 IFU 设计样例

本节依托 iverilog+GTKWave 平台,通过 IFU 模块的设计,介绍如何利用合适的平台实现 VerilogHDL 级别的设计。

5.3.1 IFU 模块定义

1. 基本描述

IFU 的主要功能是完成取指令功能。IFU 内部包括 PC、IM(指令存储器)以及其他相关逻辑。IFU 除了能执行顺序取指令外,还能根据 BEQ 指令的执行情况决定是顺序取指令还是转移取指令。

2. 模块接口

输入/输出引脚如表 5.3 所示。

表 5.3 输入/输出引脚

信 号 名	方 向	描 述
npc_sel	Input	当前指令是否为 beq 指令标志。 1：当前指令为 beq 0：当前指令非 beq
zero	Input	ALU 计算结果是否为 0 标志。 1：计算结果为 0 0：计算结果非 0
clk	Input	时钟信号
reset	Input	复位信号。 1：复位 0：无效
insout[31：0]	Output	32 位 MIPS 指令

3. 功能定义

功能定义如表 5.4 所示。

表 5.4 功能定义

序号	功 能 名 称	功 能 描 述
1	复位	当复位信号有效时，PC 被设置为 0x00003000
2	取指令	根据 PC 从 IM 中取出指令
3	计算下一条指令地址	如果当前指令不是 beq 指令，则 PC←PC+4； 如果当前指令是 beq 指令，并且 zero 为 0，则 PC←PC+4； 如果当前指令是 beq 指令，并且 zero 为 1，则 PC←PC+4+(sign_ext(ins[15：0])<<2)

5.3.2 IFU 模块的 Verilog 实现

依托 iverilog 平台可以新建 ifu.v 工程文件，用于设计 IFU 各部分的功能。

1. IFU 模块的端口声明

IFU 的基本组成如图 5.8 所示，主要包括 PC、指令存储器 IM 以及相关组合电路，用于形成当前 PC 的值，从 IM 中取出一条 32 位的指令。根据图 5.8 可以得到表 5.3 所需的输入和输出引脚，由此可以确定 IFU 模块的端口列表及端口定义如下：

```
Module ifu(clk, reset, nPC_sel, zero, insout);
    Input clk, reset, nPC_sel, zero;
    Output [31:0]insout;
```

2. 数据类型说明

模块中的 PC 用于存放访问当前指令的地址,指令存储器 IM 用于存放指令机器码,所以都用寄存器(reg)类型定义。

PC 是 32 位,因此声明为

```
reg [31:0]pc;
```

指令存储器 IM 要求是 1KB 单元,每个单元 8 位,因此声明为

```
reg [7:0]im[1023:0];
```

3. insout 的实现

IFU 模块的输出是按当前 PC 地址值从指令存储器 IM 中取出一条 32 位的指令,IM 是非时序组件,所以用 assign 语句实现。

因为 PC 定义为 32 位,但 IM 只定义了 1KB,所以只取 PC 的低 10 位地址(即 pc[9:0]),来访问 1KB 的空间。

因为 IM 是按字节存储的,MIPS 指令是 32 位(4 字节),所以按当前 PC 连续取 4 字节,拼接成输出的 32 位的 insout,具体实现为

```
assign insout={ im[pc[9:0]], im[pc[9:0]+1], im[pc[9:0]+2], im[pc[9:0]+3] };
```

4. PC 的实现

PC 是时序组件,单周期中每一个 CLK 输出一次地址,所以用 always 语句实现。

PC 还有复位,因此总是在 CLK 上升沿或 reset 上升沿时进行具体操作;PC 复位时,如图 5.8 所示,要求初始化时指令地址设置为 0x00003000;否则,PC 等于 PC 输入的值。这里需要添加定义一个 PC 的输入信号 pcnew。pcnew 信号是连线型数据,用 wire 型在前面的声明部分添加声明,位宽为 32 位,即

```
wire [31:0]pcnew;
```

PC 的具体实现如下:

```
always@ (posedge clk,posedeg reset)
  begin
    if (reset) pc=32'h0000_3000;
  else pc=pcnew;
end
```

5. pcnew 信号的产生

如图 5.8 所示,pcnew 由二选一的多路选择器,根据输入的 npc_sel 信号和 zero 信号相"与"的结果来决定,因此需要添加两个变量 t0、t1(wire 型,位宽 32)代表多路选择器的两个输入。当 npc_sel 与 zero 为真时,选择 t1;不为真时选择 t0。实现语句如下:

```
assign pcnew=(npc_sel&&zero)?t1:t0;
```

t0 为非 BEQ 指令或 BEQ 指令不需要跳转时,PC 加 4,形成新的指令地址。实现语句如下:

```
assign t0=pc+4;
```

t1 为 BEQ 指令需要跳转时,需要 PC←PC+4 + (sign_ext(Imm16) ‖ 00。16 位立即数由指令的低 16 位得到,即 IM 输出的 insout[15:0],需要增加新变量 imm(wire 型,位宽 16)。imm 实现语句如下:

```
assign imm=insout[15:0];
```

得到的 16 位立即数 imm 要在扩展器进行符号扩展,扩展成 32 位,需要增加新变量 temp(wire 型,位宽 32)。扩展方法可以采用取 imm 的符号位(最高位)复制 16 次,再拼接 imm,从而形成 32 位的扩展结果,实现语句如下:

```
assign temp={{16{imm[15]}},imm};
```

通过对 temp 左移两位,实现"‖ 00",需要增加新变量 extout(wire 型,位宽 32),实现语句如下:

```
assign extout=temp<<2;
```

在 extout 基础上再加上 PC+4,即 t0,形成 t1,实现语句如下:

```
assign t1=t0+extout
```

根据上述过程,IFU 模块各部分功能设计完成,完整代码如下:

```
Ifu.v
    module ifu(clk,reset,nPC_sel,zero,insout);
        input clk,reset,nPC_sel,zero;
    output [31:0]insout;

        reg [31:0]pc;
        reg [7:0]im[1023:0];
        wire [31:0]pcnew,t0,t1,extout,temp;
        wire [15:0]imm;

        assign insout={ im[pc[9:0]], im[pc[9:0]+1], im[pc[9:0]+2], im[pc[9:0]+3] };
assign imm=insout[15:0];
assign temp={{16{imm[15]}},imm};
assign extout=temp<<2;
```

```verilog
        always@ (posedge clk,posedge reset)
          begin
            if (reset) pc=32'h0000_3000;
            else pc=pcnew;
          end

   assign t0=pc+4;
   assign t1=t0+extout;
   assign pcnew= (npc_sel&&zero)?t1:t0;

endmodule
```

5.3.3 Testbench 模块的 Verilog 实现

在完成各模块功能设计之后,通过写 test 模块来测试设计完成的各模块功能。下面以测试 IFU 模块为例,介绍如何编写 Testbench。

新建 test.v 文件,开始编写 Testbench,具体代码如下,功能可以参考文字注释说明。

```verilog
test.v
   module test;
      reg clk, reset, npc_sel, zero;
      wire [31:0]insout;

      //实例化要测试的模块
      ifu i1(clk,reset,npc_sel,zero,insout);

      // 初始化
      initial
        begin
          clk=1;reset=0;npc_sel=0;zero=0;
          #5 reset=1;        //5 个时间单位,变高
          #5 reset=0;        //5 个时间单位,变低,产生复位脉冲

          //调用系统函数$readmenh,将机器指令代码导入 IM
          $readmemh("code.txt",i1.im);
        end

      // 生成时钟序列
      always
        begin
          #30 clk=~clk;     //每 30 个时间单位,clk 取非,形成 clk 时钟信号
        end
      Endmodule
```

5.3.4 IFU 模块的波形仿真

在按照上述代码生成 IFU 模块 Ifu.v 以及测试程序 Test.v 后,还需要生成 code.txt 文件,以方便 IFU 模块的测试。打开 Mars 软件,假设新建 mips1.asm 文件,在里面输入

如下代码：

```
ori   $1,$0,1
ori   $2,$0,2
addu  $3,$1,$2
sw    $3,16($0)
```

编译代码，然后单击生成二进制代码，会弹出如图 5.16 所示的窗口，Dump formate 选择 Hexadecimal Text（十六进制文本），命名为 code.txt，与 ifu.v 和 test.v 存放在同一文件夹。

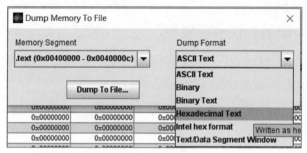

图 5.16 二进制代码生成

打开 code.txt 文件，由于我们的内存是以字节编址的，所以需要将 8 位一行的十六进制代码改为两位一行的形式，如图 5.17 所示。

图 5.17 修改机器代码格式

这里需要注意的是，由于测试文件中使用了 $readmemh() 函数，并需要生成适应 iverilog+GTKWave 平台的波形，因此上述代码要在以下 3 个地方进行修改。

（1）在 IFU.v 中定义 IM 时要按照从小到大的顺序进行编制，即改为 im[0：15]。这里由于我们的程序只有 4 条指令，所以只会占据 16 个存储单元，如果定义 1k，即[0：1023]，会报 WARN，但不影响波形生成。

(2) 在 test.v 中加入如下代码,以表明波形文件被命名为 wave.vcd,参数包含 test.v 中的所有参数。

```
begin
    $dumpfile("wave.vcd");
    $dumpvars(0,test);
end
```

(3) 与 modelsim 类集成仿真平台不同,iverilog 没有图形界面,所以在 test.v 程序中需要加入截止时间,以告诉波形文件经过多少时间后停止。在 test.v 中加入如下语句来限制其执行时间,具体运行时间可以根据需要选择。

```
initial #1000 $finish;          //运行1000个时间单位后停止
```

在对代码进行修改后,可以调出 cmd 命令行,开始编译执行上述文件,并生成波形文件,在 ifu.v,test.v 以及 code.txt 文件根目录下,输入如下命令:

```
iverilog -o wave ifu.v test.v
```

上述代码中,-o 是输出,wave 是波形文件的文件名,与 test.v 文件中的 $dumpfile("wave.vcd ")语句中的文件名相对应,ifu.v 与 test.v 则是需要编译的两个 verilog 文件。如果继续出现命令提示行,则编译通过。然后,在命令行中输入 vvp wave 命令,生成波形文件 wave.vcd。生成波形文件后,输入 gtkwave wave.vcd 命令,用 GTKWave 打开如图 5.18 所示的波形文件。

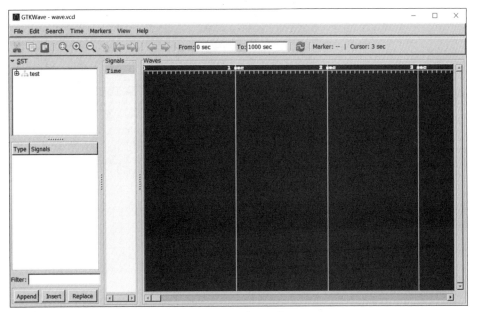

图 5.18 波形文件

在上述界面中，单击左上角窗口中的 test 程序，会出现已经实体化的变量 i1。单击 i1，左下角窗口会出现所有变量的名字，选择需要输出的变量拖曳到右侧窗口，这里我们拖出 clk 和 insout[31：0]，如图 5.19 所示。向后拖动时间条，会看到在 10s 时第一条指令被读出来，所以，insout[31,0]变为第一条指令，即 34010001，具体演示如图 5.20 所示。

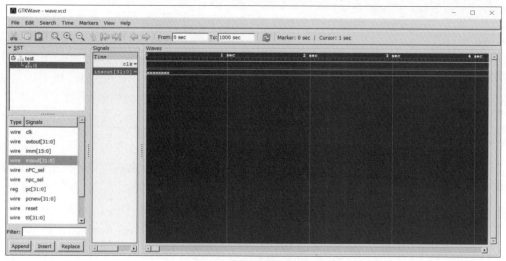

图 5.19　具体波形演示

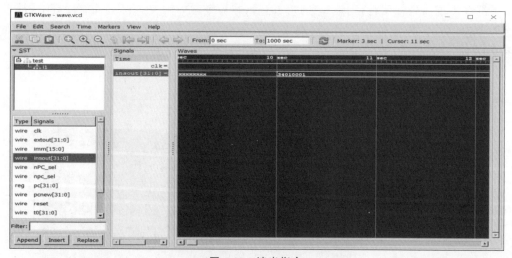

图 5.20　读出指令

我们的 clk 是每 30s 变换一次，而 IFU 模块的指令都是在时钟上升沿（posedge）时才会变化，所以在第一个上升沿，即 60s 时，IFU 的输出指令会变为第 2 条指令，即 34020002。还可以通过双击窗口中的 insout[31,0]来显示每一条线的输出值，如图 5.21 所示。如果需要观测其他信号，则继续添加即可。

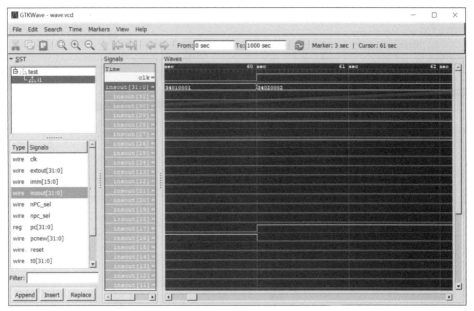

图 5.21 具体线路值

5.4 实　　验

5.4.1 使用 Logisim 设计并实现一个 32 位单周期主机

1. 实验目的

依托 Logisim 平台设计一个完整主机,并熟练掌握电路图级别的硬件系统分析的设计能力。

2. 设计说明

(1) 该主机处理器应支持的指令集 MIPS-Lite:addu、subu、ori、lw、sw、beq、lui、j。其中,addu、subu 可以不支持实现溢出。

(2) 处理器为单周期设计。

3. 设计要求

(1) 顶层设计视图包括如图 5.22 所示的部件,即 Controller(控制器)、IFU(取指令单元)、GPR(通用寄存器组,也称为寄存器文件、寄存器堆)、ALU(算术逻辑单元)、DM(数据存储器)、EXT(扩展单元)、MUX(多路选择器)和 Splitter(分线器)。

① 顶层设计视图的顶层有效驱动信号包括且仅包括 clk、reset。

② 图 5.22 中的其他字符均不是端口信号。

③ 必须采用模块化和层次化设计,整个设计文件目录结构应类似于图 5.23。

(2) IFU:内部包括 PC、IM(指令存储器)及相关逻辑。

① PC:用寄存器实现,宽度为 32 位,并具有复位功能。

② IM:单位字节,容量为 1KB,用 ROM 实现。

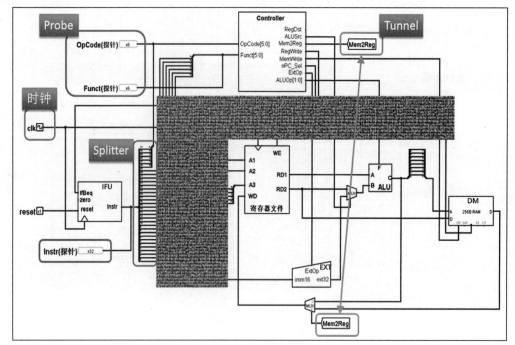

图 5.22 顶层设计

图 5.23 设计层次（仅供参考）

（3）GPR：以 32 个 32 位具有写使能的寄存器为基础，辅以多路选择器。

（4）ALU：32 位运算器，其中加法器需要设计成全并行结构。

（5）EXT：可以使用 Logisim 内置的 Bit Extender。

（6）DM：单位字节，容量为 1KB，采用小端序存储，用 RAM 实现。

DM 应采用双端口模式，即设置 RAM 的 Data Interface 属性为 Separate load and store ports。

（7）必须有时钟源，即如图 5.24 中绿圈所示。

只有设置了时钟源，系统才能自动运行，从而让程序连续运行。

4. 测试要求

（1）所有指令集中的指令都应被测试充分。

（2）构造一个包含所有指令以及常见程序功能的测试程序，并加载至 IFU 中运行通过。

① MIPS-Lite 定义的每条指令至少出现一次。

② 演示时,测试程序必须已经通过 IFU 中 IM 的 Load Image 加载完毕。

5. 其他要求

(1) 打包文件：Logisim 工程文件、测试程序二进制文件。

(2) 时间要求：由实验指导教师指定。

6. 开发与调试技巧

(1) 对于每条指令,请认真阅读 MIPS32® Architecture For Programmers Volume Ⅱ: The MIPS32® Instruction Set。

(2) 图 5.22 中 Tunnel 的用途是将具有相同名称的 Tunnel 连接在一起。Tunnel 可以避免将图画得很乱。

(3) 图 5.22 中 Probe 的用途是显示被 probed 信号的值,便于调试。

(4) 图 5.22 中 Splitter 的用途是从某组信号中提取其中部分信号。例如,IFU 输出 32 位指令,需要提取高 6 位(OpCode)和低 6 位(Funct)分别输入 controller。

① Splitter 是有位序的,但字号太小,需要放大设计图(界面左下有比例设置)。

② 建议高位永远在上,低位永远在下。

(5) 如果对于 Logisim 内置的某个部件的端口不明白,建议:

① 仔细阅读 Help→Library Reference 中关于该部件的描述。

② 放大 Logisim 显示比例,直至能清晰地看到代表部件的各个端口的圆点,然后将光标停留在相应的圆点上,就可以读取端口的具体信息。

(6) 建议先在 MARS 中编写测试程序并调试通过。

① MARS 中的 Settings→Memory Configuration 只能配置指令存储器起始地址为 0 地址,而不能将指令存储器和数据存储器的起始地址均配置为 0 地址。

② 由于 Logisim 设计中的 DM 起始地址为 0,因此请仔细观察所用到的指令,在把 MARS 中调试通过的二进制码导出后,可能需要手工修改指令码中的数据偏移。

③ 在现代主流计算机中,数据存储器和指令存储器的起始地址不应该重叠。但在本设计中,由于采用分离存储器设计方案,因此可以暂时忽略这一点。

(7) 可以考虑增加 7 段数码管等输入/输出,以让测试结果更加直观。

5.4.2 使用 iverilog＋GTKWave 设计并实现一个 32 位单周期主机

1. 实验目的

依托 iverilog＋GTKWave 平台设计一个完整主机,并熟练掌握 Verilog HDL 硬件描述语言级的硬件系统分析和设计能力。

2. 设计说明

(1) 处理器应实现 MIPS-Lite1 指令集。

① MIPS-Lite1＝{MIPS-Lite,addi,addiu,slt,jal,jr}。

② MIPS-Lite 指令集：addu,subu,ori,lw,sw,beq,lui,j。

③ addi 应支持溢出,溢出标志写入寄存器 $30 中的第 0 位。

(2) 处理器为单周期设计。

3. 设计要求

(1) 单周期处理器由 datapath(数据通路)和 controller(控制器)组成。

① 数据通路由如下模块组成：PC(程序计数器)、NPC(NextPC 计算单元)、GPR(通用寄存器组，也称为寄存器文件、寄存器堆)、ALU(算术逻辑单元)、EXT(扩展单元)、IM(指令存储器)、DM(数据存储器)。

② IM：容量为 1KB(8bit×1024)。

③ DM：容量为 1KB(8bit×1024)，采用小端序方式存取数据。

(2) 图 5.24 为可供参考的数据通路架构图。

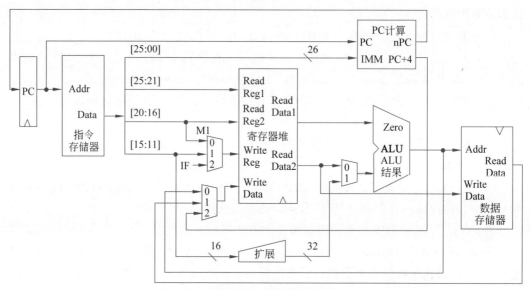

图 5.24 数据通路(仅供参考)

① 不确保图 5.24 是完全正确的；也不确保图 5.24 能够满足 MIPS-Lite1。

② 建议从数据通路的功能合理划分的角度自行设计更好的数据通路架构。

```
34
03
00
93
34
06
00
ae
```

图 5.25 code.txt 文件格式

(3) 使用 code.txt 文件存储指令码。

① 用 Verilog HDL 建模 IM 时，必须以读取文件的方式将 code.txt 中的指令加载至 IM 中。

② code.txt 文件格式如图 5.25 所示。每条指令占用 4 行，指令机器码以文本方式存储。

(4) 为使代码更加清晰可读，建议多使用宏定义，并将宏定义组织在合理的头文件中。

(5) PC 复位后初值为 0x0000_3000，目的是与 MARS 的内存配置相配合。测试程序将通过 MARS 产生，其配置模式如图 5.26 所示。

(6) 下列模块满足如下接口定义。

① 必须在 Verilog HDL 设计中创建这 3 个模块。

② 模块名称、端口各信号以及变量的名称/类型/位宽如表 5.5 所示，如有需要，可以

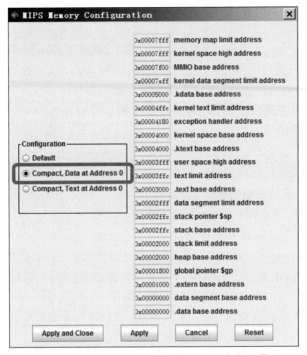

图 5.26　MIPS 存储配置模式（MARS 内存配置）

新增端口。

表 5.5　模块接口定义

文　件	模块接口定义
mips.v	module mips(clk,rst)； input　　　　clk；　　// clock input　　　　rst；　　// reset
im.v	im_1k(addr,dout)； input　 [9:0]　 addr；　　// address bus output　[31:0]　dout；　　// 32-bit memory output reg　　 [7:0]　 im[1023:0]；
dm.v	dm_1k(addr,din,we,clk,dout)； input　 [9:0]　 addr；　　// address bus input　 [31:0]　din；　　 // 32-bit input data input　　　　 we；　　　// memory write enable input　　　　 clk；　　 // clock output　[31:0]　dout；　　// 32-bit memory output reg　　 [7:0]　 dm[1023:0]；

4. 测试要求

（1）所有指令都应被测试充分。

（2）构造至少包括所有指令以及各种程序功能的测试程序，并测试通过。

① MIPS-Lite1 定义的每条指令至少出现一次。

② 必须有函数,并至少有一次函数调用。

(3) 函数相关指令(jal 和 jr)是较为复杂的指令,其正确性不仅涉及自身的正确性,还与堆栈调整等操作相关。因此,为了更充分地进行测试,必须在测试程序中组织一个循环,并在循环中多次调用函数,以确保正确实现了这两条指令。

(4) 测试程序的正确性需要和 Mars 中的结果进行对比验证,不能直观对比的,需要进行完整波形图验证。

5. 考核要求

(1) 考核需要完成现场测试以及提交文件。实验成绩包括但不限于如下内容:初始设计的正确性、增加新指令后的正确性、实验报告等。

(2) 需要提交的压缩文件内容:工程中所有 v 文件、code.txt、code.asm、实验报告。

(3) 时间要求:由实验指导教师指定。

(4) 现场测试时,必须已经完成了处理器设计及开发。

(5) 现场测试时,学生需要展示设计并证明其正确性,应简洁地描述验证思路,并尽可能予以直观展示。

(6) 实验指导教师会临时增加 1~2 条指令,学生需要在规定时间内完成对原有设计的修改,并通过实验指导教师提供的测试程序。

6. 开发与调试技巧

(1) 对于每条指令,请认真阅读 MIPS32® Architecture For Programmers Volume Ⅱ: The MIPS32® Instruction Set。

如果测试时无法清楚地解释所要求的指令,则测试成绩将适当下调。

(2) 利用 $readmemh 系统任务可以给存储器初始化数据。例如,可以把 code.txt 文件中的数据加载至 my_memory 模块。

```
reg [7:0] my_memory[1023:0];

initial
$readmemh("code.txt", my_memory);
```

(3) 有时需要较为集中地在顶层 testbench 中观察并修改下层模块的变量,此时可以通过使用层次路径名来非常方便地达到这一目的。例如:

```
module testbench;
Chi1 C1(…);

$display(C1.Art);
endmodule

module Chi1(…);
reg Art;

…
endmodule
```

7. 补存说明

由于 MIPS-Lite1 部分指令（主要是 JAL、JR）涉及非常复杂的运行模式，故在阅读 *MIPS*32® *Architecture For Programmers Volume* Ⅱ：*The MIPS*32® *Instruction Set* 时可能存在困难。为此，我们做了简化处理，以便于读者理解。简化处理主要是去除所有与 exception、delay slot 有关的描述。J、JAL、JR 简化后的所有描述如下。

(1) J 指令。

31 26	25 0
J 000010	instr_index
6	26

Format:　J target　　　　　　　　　　　　　　　　　　　　　　　　　　MIPS32

Purpose:
To branch within the current 256 MB-aligned region

Description:
This is a PC-region branch (not PC-relative); the effective target address is in the "current" 256 MB-aligned region. The low 28 bits of the target address is the *instr_index* field shifted left 2 bits.

Operation:

　　I:
　　I+1: PC ← $PC_{GPRLEN-1..28}$ || instr_index || 0^2

Exceptions:
None

Programming Notes:
Forming the branch target address by catenating PC and index bits rather than adding a signed offset to the PC is an advantage if all program code addresses fit into a 256 MB region aligned on a 256 MB boundary. It allows a branch from anywhere in the region to anywhere in the region, an action not allowed by a signed relative offset.

(2) JR 指令。

31 26	25 21	20 11	10 6	5 0
SPECIAL 000000	rs	0 00 0000 0000	hint	JR 001000
6	5	10	5	6

Format:　JR rs　　　　　　　　　　　　　　　　　　　　　　　　　　　MIPS32

Purpose:
To execute a branch to an instruction address in a register

Description: PC ← GPR[rs]
Jump to the effective target address in GPR *rs*.

Restrictions:
The effective target address in GPR *rs* must be naturally-aligned.

Operation:

　　I:　temp ← GPR[rs]
　　I+1: PC ← temp

（3）JAL 指令。

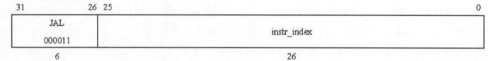

Format: `JAL target` MIPS32

Purpose:

To execute a procedure call within the current 256 MB-aligned region

Description:

Place the return address link in GPR 31. The return link is the address of the second instruction following the branch, at which location execution continues after a procedure call.

This is a PC-region branch (not PC-relative); the effective target address is in the "current" 256 MB-aligned region. The low 28 bits of the target address is the *instr_index* field shifted left 2 bits.

Operation:

```
I:   GPR[31]← PC + 4
I+1: PC      ← PC_GPRLEN-1..28 || instr_index || 0^2
```

Exceptions:

None

Programming Notes:

Forming the branch target address by catenating PC and index bits rather than adding a signed offset to the PC is an advantage if all program code addresses fit into a 256 MB region aligned on a 256 MB boundary. It allows a branch from anywhere in the region to anywhere in the region, an action not allowed by a signed relative offset.

第 6 章　MIPS 多周期主机设计

6.1　MIPS 多周期主机设计思想

多周期主机的设计是在单周期主机的基础上进行的,正如 5.1 节所述的单周期主机的所有指令都需要统一的时钟周期。实际上,每条指令的具体执行步骤是不一致的,这一点在分析每条指令的具体功能时已经非常清晰。为此,可以将单周期的一条指令的大周期拆分成更小的时间阶段,即子周期或子阶段。这一步骤需要通过分析特定指令集中不同类型的指令所经历的具体过程,设计出一个特定体系架构的通用的子周期框架。具体到 MIPS 的某个指令集,例如{ADDU,SUBU,LW,SW,ORI,BEQ,J},通常可以分为运算类指令{ADDU,SUBU,ORI}、分支转移类指令{BEQ}、无条件跳转类指令{J}、读存储器类{LW}、写存储器类{SW}五大类。通过分析这几类指令的具体功能,可以总结出表 6.1 中各类型指令所包括的子阶段。因此,MIPS 框架下的多周期主机通常包括 IF(取指令)、DCD/RF(译码)、EXE(执行)、MEM(访存)、WB(写回)这五个子周期。MIPS 多周期主机的设计也分为数据通路设计与控制器设计两部分。有了具体的 5 个子周期,下面分别描述数据通路与控制器的设计思想。

表 6.1　MIPS 指令集子周期情况

	取指令	译码	执行	访问数据存储器	写回到寄存器
计算	√	√	√		√
分支	√	√	√		
跳转	√	√	√		
读存储	√	√	√	√	√
写存储	√	√	√	√	

6.1.1　数据通路设计思想

多周期主机是在单周期主机的基础上完成的,那么多周期主机数据通路的设计基础也是单周期数据通路。简单地说,就是在单周期数据通路上通过加入时钟控制的锁存器或寄存器切分子阶段或子周期,以形成多周期数据通路。图 6.1 就是 MIPS 子集单周期数据通路通过 4 个寄存器切分成 5 个子周期的多周期数据通路图。第一个寄存器分割取指令阶段和译码阶段,主要作用是锁存 IM 中输出的当前执行指令,因此该寄存器称为指令寄存器(IR)。第二个寄存器分割译码和执行阶段,作用是锁存寄存器输出的操作数,需要在两个输出线路上设置两个寄存器 A 和 B 作为一组。第三个寄存器分割执行和访存/写回阶段,锁存 ALU 结果,因此称为 ALU 结果锁存器(ALUOut)。最后一个寄存器分割数据存储器访问和写回阶段,锁存数据存储器输出的数据,因此称为数据寄存器(DR)。原本这四组寄存器都需要时钟控制,并且能够写入数据,因此需要设置写使能信号。但是,考虑到执行指令时只要保持 IR 中当前指令在整个工作周期中都不改变,后续各个分割寄存器就可以只通过时钟控制一级一级地传递当前指令信息,而不需要额外的写使能控制。因此,除了 IR 外,后续三组分割寄存器都可以不使用写使能信号。

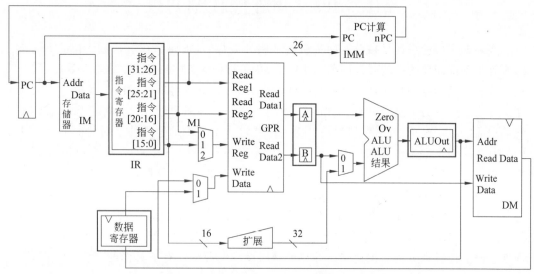

图 6.1　多周期数据通路图

另一个重要改变是 PC。为了配合子周期,PC 也需要时钟控制,而且在不同指令的具体子周期执行过程中,PC 面临着随时改变以及维持当前值的情况。因此,PC 也需要写使能以实现上述功能。

6.1.2　控制器设计思想

多周期主机控制器和单周期主机控制器相似的是输入/输出信号。因此,设计多周期控制器的第一步依然是根据指令子集以及对应的多周期数据通路图盘点所有控制信号。下面依然采用{ADDU,SUBU,LW,SW,ORI,BEQ,J}这一指令子集为例,通过多周期数据通路设计分析后,所需控制信号如图 6.2 所示。其中,IR[31∶26],IR[5∶0],Zero 是控制器的 3 个输入信号,分别代表 OP、funct 以及 Zero;PCWr、IRWr、DMWr、GPRWr 是 4 个写使能信号,分别用于控制必须写使能控制的寄存器 PC、IR、DM、GPR;WDSel、GPRSel、BSel 是 3 个多路选择器 M2、M1、M3 的控制信号;ExtOp、NPCOp、ALUOp 是 3 个控制操作的信号,分别控制扩展器完成 0、1 扩展,NPC 使用顺序、分支或跳转控制,以及 ALU 完成加、减、或等操作。

多周期主机控制器和单周期主机控制器最大的差别是需要提供一个实时状态,用于说明当前状态下哪条指令在执行哪个子阶段任务,并据此确定不同控制信号的取值。因为不同指令在不同状态下完成的子任务不同,所以控制信号的取值也不同。为此,需要构

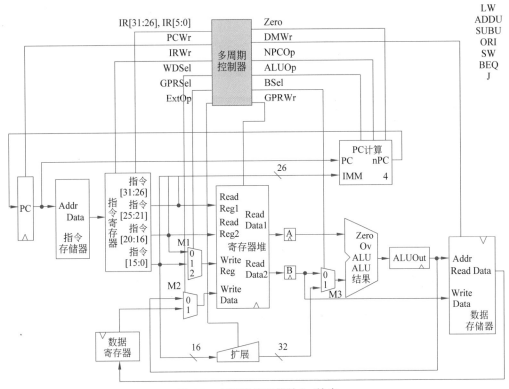

图 6.2 多周期控制器输入/输出

建一个有限状态机(简称 FSM)来提供实时状态,以及这些状态之间的转换条件和情况。

考虑到 MIPS 多周期数据通路的 5 个子周期划分情况,可知状态机的每个状态都是某条指令所处的子周期,因此最粗糙的状态机就是对应 5 个子周期{IF/FETCH,DCD/RF,EXE,MEM、WB}的 5 个实时状态所构建而成的。实际构建过程可以根据指令的具体运行情况进行适当扩展,形成新的状态机。状态机不唯一,建议大家根据自己的理解构建自己的状态机,而且构建过程依然需要实时分析每条指令的每个子周期的具体运行情况,并据此为每条指令建立一张状态-控制信号表。下面通过分析图 6.3 中 LW 指令在各个状态的具体运行情况以及控制信号取值,介绍构建状态机的步骤以及建立状态-控制信号表的过程。

从图 6.3 中可知,LW 的第一个状态和其他指令一样,也是取指令 FETCH。因为 FETCH 周期开始时 PC 就指向了 LW 地址,IM 中 LW 指令已经输出,因此 FETCH 这一子周期需要完成将指令写入 IR 并计算下一条指令地址的功能。为了将 LW 指令写入 IR,IRWr 控制信号必须为"1",计算下一条指令操作在 NPC 元件中完成,因此 NPCOp 控制信号选择顺序执行,即 PC+4,同时 PCWr 也取"1",为下一阶段将 PC+4 写入 PC 做准备。其他控制信号都不涉及,可以任意取值"X",但是 GPRWr 和 DMWr 是写使能信号,不工作时必须取值"0",因此得到了表 6.2 所示的 LW 状态-控制信号表中第一列的值。第一阶段或 S0 状态时数据通路中的元件只涉及 NPC、PC、IM,其取值如图 6.3 所示。剩下的元件依然维持上一条指令的值。

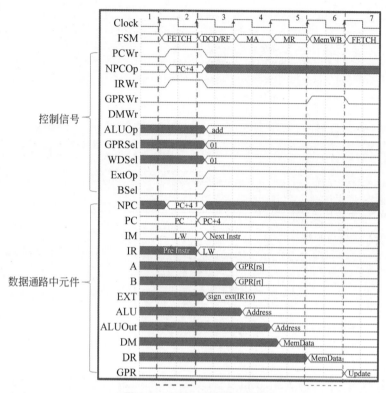

图 6.3 LW 运行过程分析图

  LW 是指令中唯一一个包括 5 个状态的指令,其余状态根据图 6.3 可以对应分析。例如,S1 是 LW 对应的译码/读数子阶段,在该阶段,控制器应该完成译码功能,因此该指令后续功能的组合逻辑控制信号基本就位,即 ALUOp 取值"add"表示完成地址计算,GPRSel 取值"0"表示写入寄存器由 rt 决定,WDSel 取值"1"说明写入的是数据存储器的内容,ExtOp 取值"SE"表示完成符号扩展,BSel 取值"1"表示选择扩展后的数据输入 ALU。写使能信号则需要根据要求在每个状态实时变化,PCWr 在时钟沿锁存下一条指令地址后,取值"0"就可以杜绝 PC 改变。同样,IRWr 在时钟沿完成锁存 LW 指令后,取值"0"就可以一直维持 LW 的值,直到需要锁存新指令。GPRWr 只有写回阶段需要准备锁存数据值,因此 S4 取值"1",其余时候都取值"0"。DMWr 的整个指令周期都不需要写操作,因此一直取值"0"。NPCOp 在 S0 完成下一条指令地址计算后,S1 指令地址被锁存于 PC 后,后续如何操作对 PC 都没有影响,因此可以任意取值"X"。分析完成后,生成了完整的状态-控制信号表,如表 6.2 所示。

表 6.2 LW 状态-控制信号表

	S0	S1	S2	S3	S4	S5	S6	S7	S8	S9
PCWr	1	0	0	0	0					
NPCOp	PC+4	X	X	X	X					

续表

	S0	S1	S2	S3	S4	S5	S6	S7	S8	S9
IRWr	1	0	0	0	0					
GPRWr	0	0	0	0	1					
DMWr	0	0	0	0	0					
ALUOp	X	add	add	add	add					
GPRSel	X	0	0	0	0					
WDSel	X	1	1	1	1					
ExtOp	X	SE	SE	SE	SE					
BSel	X	1	1	1	1					

子集中的每条指令通过上述分析都能生成一张完整的状态-控制信号表,7条指令分析完成后,就有了7张状态-信号表。分析过程也是状态机的构建过程,如图6.4所示,子集中的全部指令分析完成后,就构建了一个10个状态的状态机。其中,LW涉及的状态是:取指S0,译码/读数S1,存储器地址S2,读存储器S3,存储器写回S4共5种状态。每条指令完成最后一个状态后都会回到新指令的取指阶段。

完成所有指令的状态-控制信号表,并构建状态机后,就可以完成综合信号的步骤了。综合信号共包括三步。

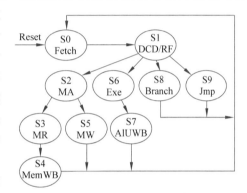

图6.4 10个状态的状态机

(1) 和单周期类似,通过各个指令的具体OP[0]~OP[5]以及funct[0]~funct[5]进行"与"操作,获取对应各个指令的中间变量,具体实现参考第5章。

(2) 通过寄存器定义并通过变量表达状态机中的状态。现有10个状态需要4位二进制表达,因此需要定义4个寄存器fsm[3:0]来表达这4个位。通过对这10个具体状态的下标进行编号,如表6.3第二列所示,并通过寄存器的与逻辑就可以模拟各个状态变量,表6.3第三列就是这些寄存器的与逻辑表达所模拟的状态变量。有了状态变量,就可以依据图6.4中的状态机模拟出这些状态的转移情况。

表6.3 状态编号以及表达式

状态名	编 号	寄存器与逻辑表达
S0	0000	$fsm[3]' \cdot fsm[2]' \cdot fsm[1]' \cdot fsm[0]'$
S1	0001	$fsm[3]' \cdot fsm[2]' \cdot fsm[1]' \cdot fsm[0]$
S2	0010	$fsm[3]' \cdot fsm[2]' \cdot fsm[1] \cdot fsm[0]'$

续表

状态名	编号	寄存器与逻辑表达
S3	0011	$fsm[3]' \cdot fsm[2]' \cdot fsm[1] \cdot fsm[0]$
S4	0100	$fsm[3]' \cdot fsm[2] \cdot fsm[1]' \cdot fsm[0]'$
S5	0101	$fsm[3]' \cdot fsm[2] \cdot fsm[1]' \cdot fsm[0]$
S6	0110	$fsm[3]' \cdot fsm[2] \cdot fsm[1] \cdot fsm[0]'$
S7	0111	$fsm[3]' \cdot fsm[2] \cdot fsm[1] \cdot fsm[0]'$
S8	1000	$fsm[3] \cdot fsm[2]' \cdot fsm[1]' \cdot fsm[0]'$
S9	1001	$fsm[3] \cdot fsm[2]' \cdot fsm[1]' fsm[0]$

(3) 通过合并图 6.5 所示的各个指令的状态-控制信号表,可以为每个控制信号建立一张指令变量-状态表。具体操作是从每条指令对应的状态-控制表中抽取同一个控制信号行,组成新的指令变量-状态表,表 6.4 就是从所有表中抽取控制信号 PCWr 所属第一行组成的指令变量-状态表,因为每条指令并没有包含所有状态,无值的地方需要用"0"进行补全,表中的深色值就是补全的值。有了这张表,就可以据此生成 PCWr 控制信号的逻辑表达式,如式(6-1)所示。每个控制信号都可以构建一张类似的状态表,并通过状态表获取一个对应的逻辑表达式。至此,整个控制器就设计完成了。

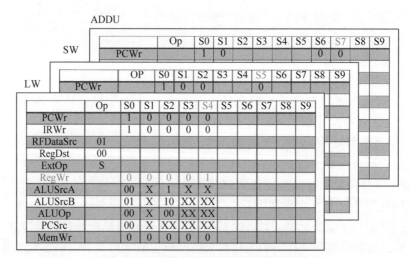

图 6.5 所有指令对应的控制信号-状态表

表 6.4 PCWr 指令变量-状态表

	S0	S1	S2	S3	S4	S5	S6	S7	S8	S9
LW	1	0	0	0	0	**0**	**0**	**0**	**0**	**0**
SW	1	0	0	**0**	**0**	0	**0**	**0**	**0**	**0**
ADDU	1	0	**0**	**0**	0	**0**	**0**	0	**0**	**0**

续表

	S0	S1	S2	S3	S4	S5	S6	S7	S8	S9
SUBU	1	0	0	0	0	0	0	0	0	0
ORI	1	0	0	0	0	0	0	0	0	0
BEQ	1	0	0	0	0	0	0	0	0/1	0
J	1	0	0	0	0	0	0	0	0	1

$$PCWr = (lw+sw+addu+subu+ori+lui+beq+jal) \cdot S0 + beq \cdot zero \cdot s8 + jal \cdot s9 \tag{6-1}$$

6.2 基于 iverilog+GTKWave 的新增 IR 设计样例

依托 iverilog+GTKWave 平台，本节通过 IR 模块的 Verilog HDL 实现样例，介绍多周期数据通路中元件的设计，并以此为例引导读者完成整个多周期数据通路的设计。

6.2.1 IR 模块定义

1. 基本描述

IR 的主要功能是作为 IM 模块的输出锁存器存储 IM 输出的当前指令，当 IR 写使能信号有效且 CLK 信号上升沿时，IR 锁存输入值并稳定输出。

2. 模块接口

模块接口如表 6.5 所示。

表 6.5 模块接口

信号名	方向	描述
clk	Input	时钟信号
irwr	Input	写使能信号，控制锁存数据及输出
irin[31:0]	Input	输入的指令，连接 IM 的输出
irout[31:0]	Output	输出锁存的指令

3. 功能定义

功能定义如表 6.6 所示。

表 6.6 功能定义

序号	功能名称	功能定义
1	锁存指令	当 CLK 信号为上升沿且 IR 写使能信号 irwr 有效时，锁存并输出当前指令

6.2.2 IR 模块的 Verilog 实现

新建 ir.v 工程文件，编写设计 IR 模块功能。IR 是时序组件，用 always 语句实现。

注意,在时序逻辑电路中,通常使用非阻塞赋值(即"<=")。当 always 语句块全部完成之后,值才会更新。IR 模块实现代码如下:

```verilog
ir.v
    module ir(clk, irwr, irin, irout);

        input clk, irwr;
        input [31:0]irin;
        output [31:0]irout;
        reg [31:0] irout;

        always@(posedge clk)
        begin
          if(irwr==1)
            begin
              irout<=irin;
            end
        end

    endmodule
```

6.2.3 IR 模块的波形仿真

将 5.2 节的 IFU 模块接入 IR 模块,然后通过修改 test.v 文件生成如下 testir.v 文件。

```verilog
testir.v
    module testir;
        reg clk,reset,npc_sel,zero,irwr;
        wire [31:0]insout;
        reg [31:0]irin;
        wire [31:0]irout;
        ifu i1(clk,reset,npc_sel,zero,insout);
        ir r1(clk,irwr,irin,irout);

        initial
        begin
        $dumpfile("waveir.vcd");
        $dumpvars(0,testir);
        end

        initial
        begin
            clk=1;reset=0;npc_sel=0;zero=0;irwr=1;
            #5 reset=1;
            #5 reset=0;
```

```
            $readmemh("code.txt",i1.im);
        end

        initial #1000 $finish;
        always@ (posedge clk)
        begin
            irin<=insout;
        end

        always
            #30 clk=~clk;


    endmodule
```

从上述代码中可以看出,波形文件被命名为 waveir.vcd。根据上述代码,分别准备好 ifu.v、ir.v、testir.v、code.txt 这四个文件,然后开始生成波形文件。在命令行中找到四个文件的存储文件夹,然后分别输入 iverilog -o waveir ifu.v ir.v test.v;运行成功后,再输入 vvp waveir;运行成功后,再输入 gtkwave waveir.vcd,通过 GTKWave 来查看程序波形。我们将 clk、insout[31:0]、irin[31:0] 和 irout[31:0] 作为主要的查看对象,将 i1 中的 clk 和 insout[31:0],以及 r1 中的 irin[31:0] 和 irout[31:0] 拖入图 6.6 所示的观察波形窗口。

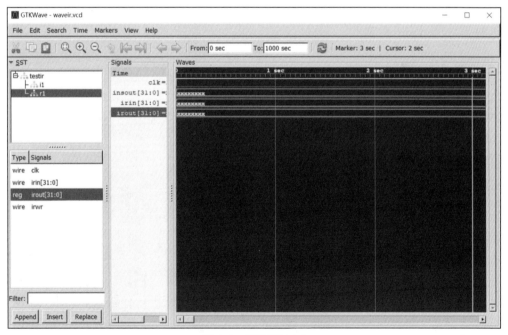

图 6.6 波形演示(1)

拖动时间轴可以看到,在 10 秒时,insout 有了第一条指令的输出,即 34010001,但是由于需要等到时钟上升沿时 insout 才能输入 irin，所以 irin 和 irout 中的指令依旧没有变化，如图 6.7 所示。

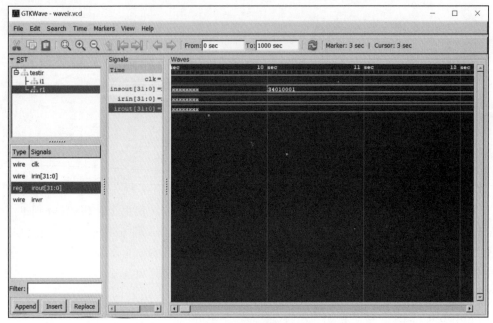

图 6.7　波形演示（2）

继续拖动时间轴，到了第一个上升沿，即 60s 时，irin 将 insout 的指令输入，同时 insout 的指令变为下一条指令，即 34020002，如图 6.8 所示。

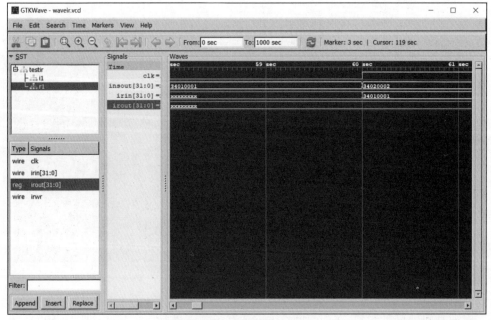

图 6.8　波形演示（3）

继续拖动时间轴,到了第二个上升沿,即 120 秒时,insout 变为第三条指令 00221821,irin 变为第二条指令 34020002,irout 变为第一条指令 34010001,如图 6.9 所示。

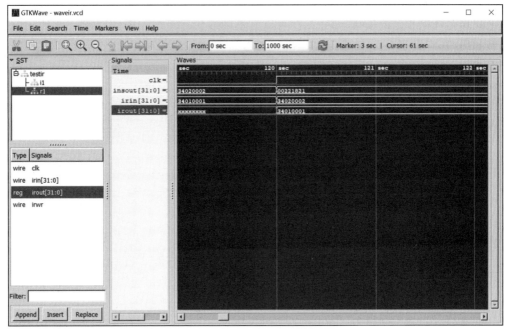

图 6.9 波形演示(4)

这些指令依次在 insout、irin、irout 直到第四个上升沿(即 240 秒时),insout 取完了全部指令,具体如图 6.10 所示。

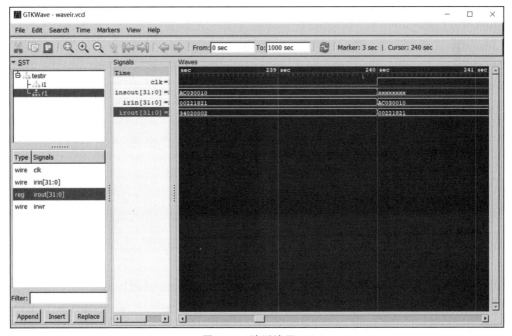

图 6.10 波形演示(5)

6.3 基于 iverilog+GTKWave 的控制器设计样例

根据多周期指令的安排,每条指令可以有不同的状态转移方式,根据图 6.4 所示的状态转移图,在定义了 S0~S9 状态机后,我们重点叙述控制器中的状态转移实现。以 lw 指令为例,从图 6.4 的状态转移图可以看出,lw 指令需要经过 S0(取指)、S1(译码/取操作数)、S2(计算内存地址)、S3(读取内存)、S4(内存写入寄存器)这 5 个阶段,然后返回 S0。

我们首先设置一个名为 lw 的标志位,它是一个布尔函数,如果是 lw 指令,则 lw=1,反之则为 0。为了实现上述状态转移,需要加入如下代码。

所有指令开始时会进入 S0,其代码如下所示:

```
always@(posedge clk, posedge reset)
    begin
      if(reset)
        begin
          current <=S0;
        end
    end
```

上述代码可以解释为,在最开始时(reset),CPU 的当前状态为 S0。

根据状态转移图,所有指令,包括 lw 指令在进入 S0 之后,都会进入 S1 状态,即

```
always@(*)
  begin
    case(current)
      S0:
        begin
          next =S1;
        end
```

上述代码中,current 表示当前状态,"S0:"表示当前状态为 S0 时,无论是什么指令,下一个状态都会转移到 S1。

在转移到 S1 后,不同指令的转移开始有所不同,lw 指令会在 S1 后转移到 S2,由如下代码实现。

```
    S1:
      begin
        if(lw)
          begin
            next =S2;
          end
```

上述代码可以解释为,在当前状态(current)为 S1 时,如果是 lw 指令,那么下一个状态(next)为 S2。同理,为了实现 S2 转换到 S3、S3 转换到 S4、S4 转换到 S5,可以使用如下代码:

```
    S2:
        begin
          if(lw)
            begin
              next = S3;
            end

    S3:
        begin
          if(lw)
            begin
              next = S4;
            end
    S4: next = S0;
```

由于只有 lw 指令会进入 S4,所以在 S4 转移到 S0 时,不再设置转移条件判断。

其他指令的状态转移可以仿照 lw 完成。再结合 6.1 节中的 PCwr 控制信号的生成样例将所需控制信号的逻辑表达式完成,整体控制器的设计就完成了。

有了控制器和数据通路,就可以将其组合成一个多周期 32 位主机,并借助 iverilog+GTKWave 平台实现具体仿真。

6.4 实　　验

本节使用 iverilog+GTKWave 设计并实现一个 32 位多周期主机。

1. 实验目的

依托 **iverilog+GTKWave** 平台设计一个多周期完整主机,并熟练掌握 Verilog HDL 硬件描述语言级的硬件系统分析的设计能力。

2. 设计说明

(1) 处理器应实现 MIPS-Lite2 指令集。

MIPS-Lite2={MIPS-Lite1,lb,sb}。MIPS-Lite1={addu,subu,ori,lw,sw,beq,j,lui,addi,addiu,slt,jal,jr}。addi 应支持溢出,溢出标志写入寄存器 $30 中的第 0 位。

(2) 处理器为多周期设计。

3. 设计要求

(1) 多周期处理器由 datapath(数据通路)和 controller(控制器)组成。

① 数据通路应至少包括以下 module:PC(程序计数器)、NPC(NextPC 计算单元)、GPR(通用寄存器组,也称为寄存器文件、寄存器堆)、ALU(算术逻辑单元)、EXT(扩展单元)、IM(指令存储器)、DM(数据存储器)等。

② IM:容量为 1KB(8bit×1024)。

③ DM:容量为 1KB(8bit×1024),采用小端序方式存取数据。

(2) 图 6.11 提供了供参考的数据通路架构图。

① 不确保图 6.11 是完全正确的,也不确保图 6.11 能够满足 MIPS-Lite2。

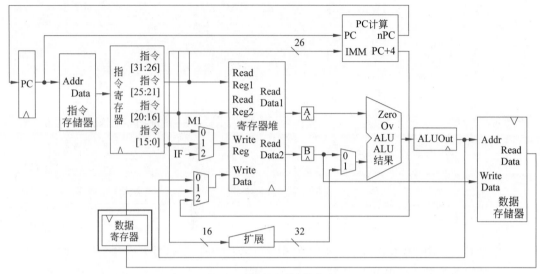

图 6.11 数据通路(供参考)

② 鼓励学生从数据通路的功能合理划分的角度自行设计更好的数据通路架构。

(3) 为使代码更加清晰可读,建议多使用宏定义,并将宏定义组织在合理的头文件中。

(4) PC 复位后初值为 0x0000_3000,目的是与 MARS 的 Memory Configuration 相配合。

测试程序通过 MARS 产生,其配置模式如图 6.12 所示。

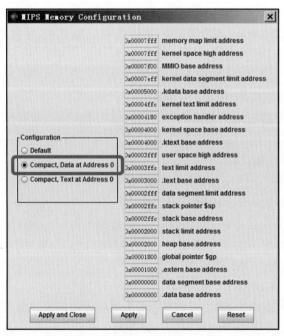

图 6.12　MIPS 存储配置模式(MARS memory configuration)

(5) 样例中的状态机设计仅供参考。学生可以根据对指令的理解构造不同的状态机,但仍然建议遵循下述原则:

① 按指令类别构造状态分支,而不是按每条指令;

② 状态分支不宜过多。

(6) 下列模块必须严格满足如下接口定义(表 6.7):

① 学生必须在 Verilog HDL 设计中建模这 3 个模块;

② 不允许修改模块名称、端口各信号以及变量的名称/类型/位宽。

表 6.7 模块接口定义

文件	模块接口定义

mips.v	module mips(clk,rst);
	input clk; // clock
	input rst; // reset

m.v	im_1k(addr,dout);
	input [9:0] addr; // address bus
	output [31:0] dout; // 32-bit memory output
	reg [7:0] im[1023:0];

dm.v	dm_1k(addr,din,we,clk,dout);
	input [9:0] addr; // address bus
	input [31:0] din; // 32-bit input data
	input we; // memory write enable
	input clk; // clock
	output [31:0] dout; // 32-bit memory output
	reg [7:0] dm[1023:0];

4. 测试要求

(1) 所有指令都应被测试充分。

(2) 构造一个完整测试程序,MIPS-Lite2 定义的每条指令至少出现一次。

(3) 必须有函数,并至少有一次函数调用。函数相关指令(jal 和 jr)是较为复杂的指令,其正确性不仅涉及自身的正确性,还与堆栈调整等操作相关。因此,为了更充分地进行测试,必须在测试程序中组织一个循环,并在循环中多次调用函数,以确保正确实现了这两条指令。

(4) 测试程序的正确性需要和 Mars 中的结果进行对比验证,不能直观对比的,需要进行完整波形图验证。

5. 考核要求

(1) 考核需要完成现场测试以及提交文件。实验成绩包括但不限于以下内容:初始设计的正确性、增加新指令后的正确性、实验报告等。

(2) 需要提交的压缩文件内容包括:工程中所有 v 文件、code.txt、code.asm、课程设计报告。

(3) 时间要求:由实验指导教师指定。

(4) 现场测试时,必须已经完成了处理器设计及开发。

(5) 现场测试时,学生需要展示设计并证明其正确性。

应简洁地描述验证思路,并尽可能予以直观展示。

(6) 实验指导教师会临时增加 1~2 条指令,学生需要在规定时间内完成对原有设计的修改,并通过实验指导教师提供的测试程序。

考查时,教师将用专用 testbench 和 code.txt 检测代码的执行情况。

6. 开发与调试技巧

(1) 对于每条指令,请认真阅读 MIPS32® Architecture For Programmers Volume Ⅱ：The MIPS32® Instruction Set。

如果测试时无法清楚地解释所要求的指令,测试成绩将减一挡。

(2) 用 $display 和 $monitor 来监控重要变量可以提高调试效率。如果之前的 project 都是独立完成的,那么你就已经具有很好的工作基础。换句话说,你基本上能驾驭设计了。这时,除了看波形外,还需要更加高效的调试方法。进入这个 project 后,很多时候,我们可以通过观察寄存器来判断程序的正确性。下面通过一个非常实用的例子来展示 $monitor 的调试价值。

① 现在,我们往往需要观察寄存器的变化来判断处理器的设计是否正确。那么,请观察下面这段代码。

```
       if   (   RegWrite_I   )
       begin
   rf[j]    <=    WData_I   ;           // 写入寄存器
    `ifdef    DEBUG
        $display("R[0007]=%8X,   %8X,   %8X,   %8X,   %8X,   %8X,   %8X,
            %8X",    0,    rf[1],    rf[2],    rf[3],    rf[4],    rf[5],
        rf[6],    rf[7]);
        $display("R[0815]=%8X,   %8X,   %8X,   %8X,   %8X,   %8X,   %8X,
            %8X",    rf[8],    rf[9],    rf[10],    rf[11],    rf[12],
   rf[13],    rf[14],    rf[15]);
        $display("R[1623]=%8X,   %8X,   %8X,   %8X,   %8X,   %8X,   %8X,
            %8X",    rf[16],    rf[17],    rf[18],    rf[19],    rf[20],
   rf[21],    rf[22],    rf[23]);
        $display("R[2431]=%8X,   %8X,   %8X,   %8X,   %8X,   %8X,   %8X,
            %8X",    rf[24],    rf[25],    rf[26],    rf[27],    rf[28],
   rf[29],    rf[30],    rf[31]);
    endif
       End
```

② 这段代码是寄存器文件的片段。我们在写寄存器之后,用 ifdef 引导了 4 个 $display。每当有寄存器被写入后,32 个寄存器就都被显示在 **iverilog＋GTKWave** 的调试窗口中。显然,通过这种方式,我们可以很容易地发现哪个寄存器被修改了。

③ 如果再利用 $monitor 把 PC 和 IR 也都监控起来,那么整个 CPU 的运行状态就非常清晰了。参考代码如下:

```
mipsU_MIPS( clk, rst ) ;
initial
    $monitor("PC  =    %8X,     IR   =    %8X",
    U_MIPS.datapath.pc.pc,U_MIPS.datapath.ir.ir );
    clk    =    0    ;
    rst    =    0    ;
其他语句
```

第 7 章 基于 Verilog HDL 的 MIPS 微系统设计

要设计一个完整的 MIPS 微系统,第一步就是了解这类微系统需要完成的具体功能。本章以综合实验所对应的设计要求为例,介绍 MIPS 微系统的设计方法。这一微系统建立在 6.4.1 节完成的多周期 CPU 的基础之上,需要添加多个外设并支持中断功能。要在MIPS 微系统中实现上述功能,原有数据通路中,除了现有的 CPU 和存储器之外,还需要加入协处理器(CP0)、桥(Bridge)以及支持中断处理的具体外设(7.4.1 节的实验要求仿真一个键盘类的输入,一个 LED 灯类的输出,一个支持中断的定时器)。这些新增模块要完成各自的具体功能,不但需要增强原有的控制器功能,还需要增加一些对应的新指令。正如 7.4 节实验中具体设计要求中所述,支持中断功能的微系统需要添加ERET、MFC0、MTC0 三个新指令。本章将详细讲解这些新增系统模块、外设以及整个微系统的综合设计。

7.1 CP0 介绍以及设计样例

MIPS 32 架构包括 4 个协处理器,分别是 CP0~CP3。其中,CP0 是 MIPS 微处理器的内核控制协处理器(Control Coprocessor 0,也可以写作 coprocessor 0 或 coproc 0),主要用来协助 CPU 完成系统控制任务,其一个重要作用是管理异常和中断,因此要在微系统中支持中断及异常,就必须实现 CP0 中的相应功能。

和 MIPS CPU 一样,CP0 中同样有 32 个 32 位寄存器,其中涉及异常和中断管理的寄存器包括 EPC 寄存器(保存中断/异常要返回的 PC 值)、Cause 寄存器(保存引起中断原因)和 Status 寄存器(中断屏蔽/允许位),它们的寄存器编号分别是 14、13、12。图 7.1 是 Cause 寄存器结构,其中和中断及异常相关的位是 15~8(Pending Interrupts)位,这 8 位分别代表 6 个硬件中断和 2 个软件中断,这里我们只需要关注硬件中断位,也就是 15~10 位。图 7.2 是 Status 寄存器(简称为 SR 寄存器)的结构,其中和中断及异常相关的位给出了相应的文字介绍。

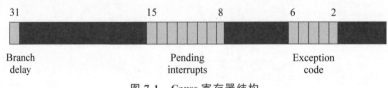

图 7.1 Cause 寄存器结构

多周期 CPU 要访问 CP0 中的这些寄存器,实现和 CPU 中寄存器进行数据交换的功能,需要添加 MFC0 和 MTC0 这两个指令,指令具体功能如图 7.3 和图 7.4 所示。

要设计一个模块,首先需要设计该模块整体的输入/输出信号。CP0 处于 MIPS32

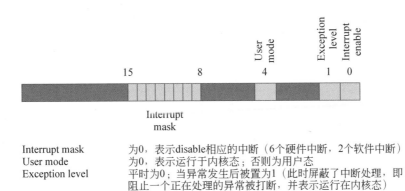

Interrupt mask	为0，表示disable相应的中断（6个硬件中断，2个软件中断）
User mode	为0，表示运行于内核态；否则为用户态
Exception level	平时为0；当异常发生后被置为1（此时屏蔽了中断处理，即阻止一个正在处理的异常被打断，并表示运行在内核态）
Interrupt enable	当异常发生后被置为0，表示中断处理被禁止

图 7.2 Status 寄存器结构

Move from Coprocessor 0						MFC0
31 26	25 21	20 16	15 11	10 3	2 0	
COP0 010000	MF 00000	rt	rd	0 00000000	sel	
6	5	5	5	8	3	

Format: MFC0 rt, rd   **MIPS32**
              MFC0 rt, rd, sel   **MIPS32**

Purpose:
To move the contents of a coprocessor 0 register to a general register.

Description: GPR[rt] ← CPR[0,rd,sel]

The contents of the coprocessor 0 register specified by the combination of rd and sel are loaded into general register rt. Note that not all coprocessor 0 registers support the sel field. In those instances, the sel field must be zero.

Restrictions:

The results are **UNDEFINED** if coprocessor 0 does not contain a register as specified by *rd* and *sel*.

Operation:

    data ← CPR[0,rd,sel]
    GPR[rt] ← data

Exceptions:

Coprocessor Unusable

Reserved Instruction

图 7.3 MFC0 指令解析

CPU 内部，和 CPU 共享相同的时钟频率，因此 **I_clk**（时钟）和 **I_rst**（复位）这两个外部输入信号来自主 CPU。CP0 要和 CPU 中的寄存器交换数据，需要设计相应的数据输入和输出信号，分别为 32 位 **I_din** 输入信号和 32 位 **O_dout** 输出信号。此外，还需要一个 5 位输入信号 **I_sel**，用于识别 CP0 中的 32 个寄存器，这个信号是由 MFC0 和 MTC0 指令中的相应地址码确定的。响应中断时需要改变 EPC 值，因此需要加入 32 位 PC 输入信号 **I_pc** 及 EPC 写使能信号 **I_epcwr**，而中断返回时需要 32 位 EPC 输出信号 **O_epc**。外部

Move to Coprocessor 0						MTC0
31　　　　　26	25　　　21	20　　16	15　　11	10　　　　　3	2　　0	
COP0 010000	MT 00100	rt	rd	0 0000 000	sel	
6	5	5	5	8	3	

Format: `MTC0 rt, rd`　　　　　　　　　　　　　　　　　　　　　　**MIPS32**
　　　　`MTC0 rt, rd, sel`　　　　　　　　　　　　　　　　　　　**MIPS32**

Purpose:

To move the contents of a general register to a coprocessor 0 register.

Description: `CPR[0, rd, sel] ← GPR[rt]`

The contents of general register rt are loaded into the coprocessor 0 register specified by the combination of rd and sel. Not all coprocessor 0 registers support the sel field. In those instances, the sel field must be set to zero.

Restrictions:

The results are **UNDEFINED** if coprocessor 0 does not contain a register as specified by *rd* and *sel*.

Operation:

```
data ← GPR[rt]
CPR[0,rd,sel] ← data
```

Exceptions:

Coprocessor Unusable

Reserved Instruction

图 7.4　MTC0 指令解析

中断发生时,多个外设发出的中断请求信号 **I_hwint**(具体位数由可发出中断的外设个数或桥的具体要求决定)通过桥首先需要发送到 CP0,经过一系列中断使能和屏蔽信号的控制,产生一个真正的中断请求输出 **O_intreq**,再送入 CPU 中的控制器。因为 CP0 寄存器有写功能,所以解析 MTC0 指令时会产生 CP0 寄存器写使能信号 **I_wen**。表 7.1 给出了 CP0 输入/输出端口列表。除了上述端口,**I_exlset** 和 **I_exlclr** 这两个控制信号是专门针对 Status 寄存器中的第 1 位 EXL(exception level)设置的。**I_exlset** 置位表示进入中断,必须标记 EXL 为 1,以防止再次进入;**I_exlclr** 置位表示清除标记,即 EXL 为 0,表示当前中断返回,可以再次进入中断。

表 7.1　CP0 端口列表

信号名	方向	用途	产生来源及机制
[31:0]I_pc	I	用于保存 PC	PC
[31:0]I_din	I	CP0 寄存器的写入数据	执行 MTC0 指令时产生数据来自 GPR[rt]
[5:0]I_hwint	I	6 个设备中断	从 Bridge 传递而来
[4:0]I_sel	I	用于选择 CP0 内部的寄存器	执行 MFC0/MTC0 指令时产生,IR 输出[15:11]
I_wen	I	CP0 寄存器写使能	执行 MTC0 指令时产生,控制器产生

续表

信号名	方 向	用 途	产生来源及机制
I_epcWr	I	EPC 写使能	中断响应时,控制器产生
I_exlset	I	用于置位 StatusR 的 EXL（EXL 为 1）	CPU 控制器在中断响应状态产生
I_exlclr	I	用于清除 StatusR 的 EXL（EXL 为 0）	CPU 控制器执行 ERET 指令时产生
I_clk	I	时钟	
I_rst	I	复位	
O_intreq	O	中断请求,输出至 CPU 控制器	是 HWInt/IM/EXL/IM 的函数
[31:2]O_epc	O	EPC 寄存器输出至 NPC	
[31:0]O_dout	O	CP0 寄存器的输出数据	执行 MFC0 指令时产生数据写入 GPR[rt]

CP0 对应端口的模块代码如下：

```
module cp0(I_pc,I_din,I_hwint,I_sel,I_wen,I_epcWr,I_exlset,I_exlclr,I_clk,I_rst,O_intreq,O_epc,O_dout);
    input[31:2]I_pc;
    input[31:0]I_din;
    input[5:0]I_hwint;
    input[4:0]I_sel;
    input I_wen,I_epcWr,I_exlset,I_exlclr,I_clk,I_rst;
    output O_intreq;
    output [31:2]O_epc;
    output [31:0]O_dout;
```

接下来需要根据具体功能设计完成 Verilog 代码设计。以最复杂的 SR 寄存器为例，这个寄存器需要定义、赋值以及输出该值给 CPU 寄存器。为了简化，可以只定义图 7.2 中的有效位如下：

```
reg[15:10] im ;          //对应 6 个硬件中断
reg exl, ie ; //对应中断标志(Exception level)以及全局中断使能(Interrupt enable)
```

赋值即写入 SR 寄存器，可以使用图 7.5 中的 always 所属语句，除了常规地从 CPU

```
60  always@(posedge I_clk or posedge I_rst)     //sr
61  begin
62      if(I_rst)
63          {im,exl,ie}<=8'b0;
64      else
65          if(I_wen&&I_sel==5'b01100)
66              {im,exl,ie}<={I_din[15:10],I_din[1],I_din[0]};
67          else if(I_exlset)
68              exl<=1'b1;
69          else if(I_exlclr)
70              exl<=1'b0;
71  end
72
73  assign O_dout=(I_sel==5'b01110)?{epc,2'b0}:
74                (I_sel==5'b01101)?{16'b0,hwint_pend,10'b0}:
75                (I_sel==5'b01100)?{16'b0,im,8'b0,exl,ie}:
76                32'b0;
```

图 7.5 SR 赋值

寄存器中传入数据外,还可以通过 I_exlset 和 I_exlclr 进行特定位的操作,如图 7.5 中的 67～70 行语句;输出 SR 比较简单,只要识别寄存器名称正确,就可以直接输出,可以使用图 7.5 中的 73 行开始的直接赋值语句。

使用同样的方式可以设计出 Cause 寄存器功能、EPC 寄存器功能以及中断信号 **O_intreq** 输出,整个 CP0 模块的功能设计就完成了。为了确保 CP0 功能正常,接下来需要单独设置一个测试模块 cp0_tb.v,通过 iverilog+GTKWave 的仿真以及波形工具测试 CP0 的功能。

图 7.6 是一个测试实例,第 2 行是测试实例中用于定义仿真单位和精度的语句,从具体数值可知仿真单位是 ns,而精度是 10^{-3} ns。第 3 行是测试模块的名称,常规命名方式是"功能模块名_tb"。6～13 行是对要测试实例的端口进行变量声明,一般情况下,输入端口设定为 reg 类型,输出端口设定为 wire 类型。16 行就是测试模块的实例语句。接下来就是对时序和复位信号的设定,本例中,时钟周期设定为 20ns。33～36 行用于产生波形文件。43～44 行是测试中断响应时 EPC 写入功能的,其他测试部分可以根据实际需求编写。完成 cp0_tb.v 测试文件后,根据 3.3 节中的 iverilog+GTKWave 使用实例的仿真与获取波形方式,可以获得如图 7.8 所示的波形。为了在波形中演示这一功能,图 7.7 提供了 CP0 中对 EPC 写入的实现。从测试语句中可以知道,20ns 时 I_pc 赋值为 30'b1,又经过 20ns,中断写使用 I_epcWr 赋值 1,条件具备,下一个时钟上升沿就将 I_pc 的值写入[31:2]O_epc。从图 7.8 中相应的信号变化可以看出上述工作模式,这说明中断时 EPC 写入功能正常。其他功能的测试可以参考上述过程设计。

图 7.6 cp0_tb 实例

```verilog
36  always@ (posedge I_clk or posedge I_rst)     //epc
37  begin
38    if(I_rst)
39      epc<=30'b0;
40    else
41      begin
42        if(I_wen&&(I_sel==5'b01110))
43          epc<=I_din[31:2];
44        if(I_epcWr)
45          epc<=I_pc;
46      end
47  end
```

图 7.7　cp0.v 中 EPC 写入功能的实现

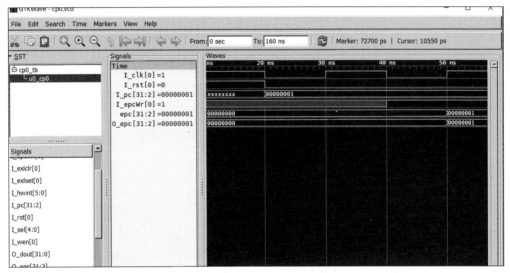

图 7.8　cp0.v 与 cp0_tb.v 的波形

7.2　Bridge 及外围设备设计样例

正如 7.4 节中 MIPS 微系统设计中要求的，这一微系统需要支持 3 个硬件外设，除了简单的输入/输出设备外，其中一个是可以进行中断的定时器，因此需要设计一个支持多个外设工作的系统 Bridge。

Bridge 正如其名，它的功能就是连接 CPU 与 3 个外设，完成它们之间的数据交换和信号传输。假如外设 0 是定时器，外设 1 是简单输出，那么外设 2 就是简单输入。表 7.2 列出了桥的端口，如果增加了外设，桥的端口可以对应增加。对应端口的 Verilog 代码如图 7.9 所示。

表 7.2　桥的端口

信号名	方向	用途	产生来源及机制
[31:0]PrAddr	I	地址	执行 lw/sw 指令时 CPU 中 ALU 计算所得
[31:0]PrWd	I	写入外设的数据	执行 sw 指令时数据来自 GPR[rt]

续表

信号名	方向	用途	产生来源及机制
[31:0] dev0_rd	I	读取设备0的数据	从设备0传递而来
[31:0] dev1_rd	I	读取设备1的数据	从设备1传递而来
wecpu	I	控制器传送的写使能	执行sw指令时控制器产生
ISR	I	中断请求	定时器产生
wedev0	O	设备0的写使能	通过译码将wecpu传递到设备0
wedev2	O	设备2的写使能	通过译码将wecpu传递到设备2
[5:0] HWInt	O	通过桥将中断传递到CP0	保存设备中断并传递到CP0
[31:0] PrRd	O	读取外设数据	通过译码决定读取哪个设备的数据
[31:0] dev_Add	O	设备具体地址,位数根据设备设定	设备地址
[31:0]dev_Wd	O	写入外设的数据	来自[31:0]PrWd

```
1  module bridge(PrAddr, PrWd, dev0_rd, dev1_rd, wecpu, ISR, PrRd, dev_Addr, dev_Wd, wedev0, wedev2, HWInt);
2  input[31:0] PrAddr, PrWd;
3  input[31:0] dev0_rd, dev1_rd;  //0:timer  1:input
4  input wecpu;
5  input ISR;
6  output[31:0] PrRd;
7  output[31:0]   dev_Wd;
8  output [X:0] dev_Addr;
9  output wedev0, wedev2;
0  output[5:0] HWInt;   //7:2  HWInt[0] here is the HWInt[2] out
```

图7.9 桥的端口代码

Bridge的基本功能有3个,分别是地址转换或译码、数据转换、控制信号产生。以最复杂的地址转换为例,因为定时器中包括3个寄存器地址,根据设计规范,具体地址分别是0x0000_7F00~0x0000_7F0B,假定外设1和2中各包括一个寄存器,对应地址分别是0x0000_7F0C和0x0000_7F10,则译码代码如图7.10所示。同样的分析,完成控制信号以及数据输入/输出就完成了Bridge的全部功能。接下来也需要单独设计一个测试模块,通过特定仿真桥以及波形工具测试Bridge的功能。具体测试方式可以参考上节CP0中的EPC写入实现。

```
assign hitdev0 = (PrAddr==32'h0000_7F00 || PrAddr==32'h0000_7F04 || PrAddr==32'h0000_7F08)?1:0;
assign hitdev1 = (PrAddr==32'h0000_7F0C)?1:0;
assign hitdev2 = (PrAddr==32'h0000_7F10)?1:0;  //output
```

图7.10 Bridge译码

3个外设中,定时器比较复杂,有对应的设计要求。下面结合附录中的设计要求详细介绍定时器的设计。

定时器包括3个寄存器,可以工作在模式0和模式1下。3个寄存器分别是控制寄存器、初值寄存器、32位计数器。模式0通常用于产生定时中断,即当计数器倒计数为0时停止计数,并且此时在中断允许的前提下产生中断请求(IRQ为1)。直至初值寄存器再次被外部写入后,初值寄存器值再次被加载至计数器,计数器重新启动倒计时。模式1通常用于产生周期性脉冲,当计数器倒计数为0后,初值寄存器值被自动加载至计数器,计数器继续倒计时。

定时器设计文档中已经给定了接口信号,如表7.3所示。从上述分析可以看出,定时器的输入/输出比较简单,一方面依然有时钟和复位两个信号,但是需要注意的是,一般情况下外设时钟和CPU时钟是不同步的,CPU时钟要快得多,要想正确仿真,就需要建立一个分频器分频CPU时钟以适应外设。另一方面,正如微系统所要求的,定时器需要完成秒计数,所以初值寄存器周期需要根据具体仿真设置进行计算。例如,仿真周期是1微秒,如果外设与CPU同频率,则为了完成秒计数,定时器初值就是1000000,这样仿真时是无法实现的,因此依然需要分频CPU时钟适应外设。CP0中有3个寄存器,因此需要两位地址区分具体的寄存器,ADD_I[3:2]用于区分3个具体寄存器。WE_I是桥传递过来的使能信号,IRQ是模式0时发出的中断请求。输入数据DAT_I[31:0]和输出数据DAT_O[31:0]都连接到Bridge。图7.11给出了这些接口的代码。

表7.3 接口信号定义

信 号 名	方 向	描 述
CLK_I	I	时钟
RST_I	I	复位信号
ADD_I[3:2]	I	地址输入
WE_I	I	写使能
DAT_I[31:0]	I	32位数据输入
DAT_O[32:0]	O	32位数据输出
IRQ	O	中断请求

```verilog
module timer(CLK_I, RST_I, ADD_I, WE_I, DAT_I, DAT_O, IRQ);
input CLK_I, RST_I;
input[3:2] ADD_I;
input WE_I;
input[31:0] DAT_I;
output[31:0] DAT_O;
output IRQ;
```

图7.11 定时器接口代码

定时器功能包括两种计数模式、定时中断以及数据交换。定时器启动以及工作模式需要测试程序通过给控制器赋值完成,但是需要提前定义控制器中的各部分并赋值,如图7.12所示。代码中也包括定时请求生成以及输出数据赋值。剩下的输入及计算功能需要时钟控制,根据需求写出其他代码就完成了定时器的全部设计。timer模块也需要单独设置一个测试模块,从而通过特定仿真以及波形工具测试。具体测试方式可以参考上节CP0中的EPC写入实现。

```
reg[31:0] CTRL, PRESET, COUNT; //定义三个寄存器
wire[31:4] reserved;
wire im, enable;
wire[2:1] mode;
assign reserved=CTRL[31:4]; //控制器各个功能段赋值
assign im=CTRL[3]; //控制器各个功能段赋值
assign mode=CTRL[2:1];//控制器各个功能段赋值
assign enable=CTRL[0];//控制器各个功能段赋值
assign IRQ=(COUNT==32'b0 && mode==2'b00 && im)?1:0; // 定时请求
assign DAT_O=(ADD_I==2'b00)?CTRL:(ADD_I==2'b01)?PRESET:(ADD_I==2'b10)?COUNT:32'b0;//输出数据
```

图 7.12 定时器控制器定义以及功能段赋值

7.3 MIPS 微系统综合设计样例

微系统综合设计可以遵循设计步骤,先考虑数据通路,再考虑控制器。数据通路设计的关键就是各个模块之间的连接。微系统建立在 6.4.1 节的多周期 CPU 的基础之上,该多周期 CPU 包括 13 个基本模块:NPC、PC、IM、IR、GPR、EXT、AReg、BReg、ALU、ALUout、DM、DR、Controller。另外,还有多个多路选择器以及分线器。微系统的数据通路又增加了 CP0、Bridge、TC、Input、Output 几个模块。建立微系统数据通路最重要的工作就是厘清每个模块的接口信号连接,以及这些信号中哪些是控制器产生的。具体设计过程可以通过数据通路图或者数据通路表的方式完成。图 7.13 就是一个典型的数据

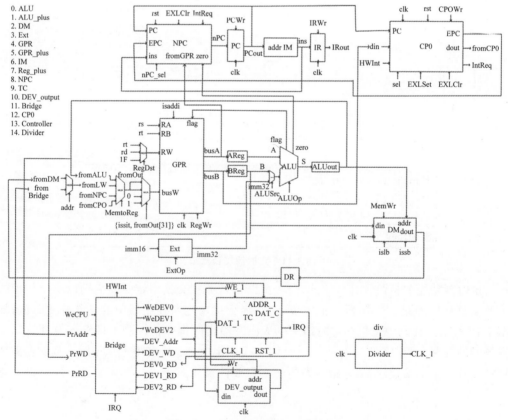

图 7.13 微系统数据通路图样例

通路图样例,该通路图中,模块之间的连线已经清楚地显示了接口连接,而没有完成连接的端口就是需要控制器产生的控制信号,其中部分信号名称可能和书中其他样例不同。表 7.4 就是一个典型的数据通路表样例,从表中可以看出数据通路中每个模块的接口都有明确的说明以及连接。有了完整的数据通路图或数据通路表,就可以很方便地建立一个 Verilog 上层文件,将这些模块实例化并通过接口连接起来。图 7.14 就是其中典型模块的样例代码,可以仿照上述方法完成数据通路图或数据通路表,就可以建立对应的 Verilog 微系统上层文件,完成基于 Verilog 的数据通路设计。

表 7.4 数据通路表样例

模 块	端 口	端口属性	来源/出路	产生机制	备 注
NPC	PC	in	PC		
	EPC	in	CP0		
	ins	in	IM		
	zero	in	ALU	beq 指令比较	
	exlCtr	控制	Controller	执行 ERET 指令	
	IntReq	控制	Controller	响应中断时	
	nPC_sel	控制	Controller	执行 beq/J/Jal	
	nPC	out	PC		
PC	nPC	in	NPC		
	PCwr	控制	Controller	执行每条指令时	
	PCout	out	IM		
...	...	...	...	...	...

```
pc pc_1(clk, pcWr, pc_new, pc_out);
npc npc_1(npc_sel, reset, zero, pc_out, irout, busA, jalAddr, pc_new, epc, intpc, exlclr);
im im_1(pc_out[12:0], dout);
ir ir_1(clk, irWr, dout, irout);
divide div_1(irout, opcode, funct, rs, rt, rd, imm16, imm26);
controller ctrl_1(clk, reset, opcode, funct, zero, overflow, RegDst, RegWrite, ALUSrc, MemtoReg, MemWrite, npc_sel,
gpr gpr_1(clk, reset, RegWrite, rs, rt, RtorRdor31, busA, busB, ResorDmorJalorCp0, WritetoReg_30);
rega rega_1(clk, busA, aout);
regb regb_1(clk, busB, bout);
```

图 7.14 微系统顶层文件样例

设计好数据通路,并整理出每个模块对应的控制信号,下一步就需要修改控制器,完成整个微系统控制器的设计。正如多周期控制器设计规则所示,第一步就是修改状态机。微系统基于多周期 CPU,修改状态机需要以该多周期 CPU 状态机为基础,增加新的中断状态。修改后的带中断的状态机如图 7.15 所示。为了简化中断处理,本项目只需要考虑不精确的中断模式,即不管中断请求是在指令周期中哪个子阶段发生的,响应中断只能等待指令运行完毕,因此,每个指令的最后一个状态都需要检测是否发生中断,并根据检测结果决定是否进入中断处理状态 S10,正如图 7.15 所示。状态机修改好后,剩下的工作就是增加新指令 ERET、MFC0、MTC0。下面以 ERET 指令为例介绍添加指令的过程。图 7.16 是从指令手册中摘取的指令功能,通过分析可知,ERET 指令功能类似跳转指令,具体功能包括①恢复 PC:将 EPC 写入 PC;②开中断:清除 SR 中的 EXL 位,允许再次产生中断。因此,该指令译码可以仿照 J 指令,有 3 个状态 S0、S1、S9,每个状态对应的控制信号逻辑如表 7.5 所示。其中,NPC_sel 输入 NPC 模块,完成 PC 新值取值 EPC,配合 PCwr 就可以恢复 PC,EXLClr 控制信号输入 CP0 就可以完成清除 EXL 位的功能。根据这一逻辑表,可以生成对应的 Verilog 代码,图 7.17 就是其中部分样例,照此写出所有代码就完成了指令 ERET 的功能。需要说明的是,不同的状态机或控制信号有不同的设计细节以及代码模式,但是总体设计思路基本相同。同理,根据上述思路完成 MFC0、MTC0 指令以及每条指令的附加中断状态,就完成了整个微系统的控制器修改。和上述数据通路代码合并,即可完成整个微系统设计。

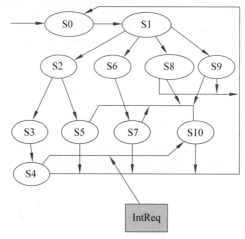

图 7.15　微系统状态机样例

Exception Return　　　　　　　　　　　　　　　　　　　　　　　　　　　　　　**ERET**

Operation:

```
if Status_ERL = 1 then
    temp ← ErrorEPC
    Status_ERL ← 0
else
    temp ← EPC
    Status_EXL ← 0
    if (ArchitectureRevision ≥ 2) and (SRSCtl_HSS > 0) and (Status_BEV = 0)then
        SRSCtl_CSS ← SRSCtl_PSS
    endif
endif
if IsMIPS16Implemented() then
    PC ← temp_31..1 ∥ 0
    ISAMode ← temp_0
else
    PC ← temp
endif
LLbit ← 0
ClearHazards()
```

图 7.16　ERET 指令功能

表 7.5 ERET 控制信号取值样例

	Op	Funct	S0	S1	S2	S3	S4	S5	S6	S7	S8	S9
PCWr			1	0								1
NPC_sel[1]			PC+4	ERET								ERET
NPC_sel[0]			PC+4	ERET								ERET
IRWr			1	0								0
GPRWr			0	0								0
DMWr			0	0								0
ALUOp			X	X								X
GPRSel			X	x								x
WDSel			X	x								x
ExtOp			X	X								X
BSel			X	X								X
…			…	…								…
EXLClr			x	1								1

```
assign exlclr = eret & (~s0);
assign npc_sel[1] = (jr | j | jal | eret) & (~s0);
assign npc_sel[0] = (beq | jr) & (~s0);
```

图 7.17 ERET 对应部分样例代码

设计完成后,最重要的步骤就是仿真,这里是整体系统的仿真,要生成一个测试模块 testbench 以完成一些初始设置,例如将两个 MIPS 测试程序的机器码装入指令存储器的不同地址,在运行过程中模拟更改输入设备的值等。因此,仿真的第一步需要借助 MARS 完成 MIPS 测试程序设计,以及转换成机器码。根据设计要求,首先需要完成主程序以及中断子程序的两个 MIPS 测试程序。假设主程序要求如下:

(1) 主程序需要读取 32 位输入设备内容并显示在 32 位输出设备上;

(2) 主程序通过 MFC0、MTC0 这两条指令和 CP0 中的 SR 和 PrID 交换数据,并通过 SR 控制定时器硬件中断工作;

(3) 主程序将定时器初始化为模式 0,并加载正确的计数初值至定时器初值寄存器,以产生 1s 的计数周期;

(4) 主程序启动定时器计数后进入死循环,等待外设中断请求。

从上述要求可以看出,主程序需要和 3 个外设打交道,因此,第一步就是根据设计要求指定 3 个外设的具体地址,然后通过 lw、sw 完成输入设备数据读取以及输出设备数据显示。设计要求中,定时器的 3 个寄存器地址已经给定,为了简化,可以设定输入外设与输出外设与定时器处于同一地址段,地址分别为 0x0000_7F0C 和 0x0000_7F10。具体程序样例如图 7.18 所示。除了完成上述四个要求外,需要特别说明的是,测试过程中还有改变输入设备值并进行比较的要求,因此,在第一次读取输入设备值时需要暂存等待,改变后,在中断子程序中进行比较。子程序设计需要读者自行完成。

```
1  #设定三个外设地址
2
3  ori $1,$0,0x7f00    # 定时器中ctrl寄存器地址
4  ori $2,$0,0x7f04    # 定时器中preset寄存器地址
5
6  ori $4,$0,0x7F0C    # 输入设备地址
7  ori $5,$0,0x7F10    # 输出设备当前值寄存器地址
8
9  #完成主程序第一个需求
10 lw $6,0($4)         # 从输入设备获取当前的输入值
11 sw $6,0($5)         # 把当前输入值保存到输出设备当前值寄存器中
12
13 # 为了完成中断程序中输入比较,暂存输入值到特定地址
14
15 sw $6,4($0)
16
17 #控制CP0中SR以及PRID(完成主程序第二个需求)
18 ori $12,$0,0x0401   # 根据具体需求将设置SR的值(setSR 100 0000 0001)写入通用寄存器组中12号(可以自己设定)寄存器
19 mtc0 $12,$12        # 通过MTC0把通用寄组中12号寄存器内容写入到cp0中的SR中(完成设置)
20 mfc0 $20,$15        # 获取cp0中prid寄存器的值,写入通用寄组中20号(可以自己设定)寄存器
21
22 #控制定时器模式、初值以及启动(完成主程序第三个需求)
23 ori $8,$0,0x000a    # 10 倒计时(准备好初值)
24 sw $8,0($2)         # 把倒计时初值10存入preset寄存器中
25
26 ori $9,$0,0x0009    # 设置定时器ctrl最后四位控制位 1001 (表示模式0以及启动定时器)
27 sw $9,0($1)         # 将设置好的值写入ctrl寄存器中
28
29 #进入死循环等待中断(完成主程序第四个需求)
30 loop:j loop         # 死循环
```

图 7.18 主程序样例

有了样例测试程序,通过 MARS 获取对应的二进制代码,通过设计全局 Verilog 测试模块装入对应指令存储器,就可以通过 iverilog+GTKWave 的仿真以及波形工具进行最终的仿真测试。具体测试方式可以参考 CP0 中的 EPC 写入实现。

7.4 实　　验

本节使用 iverilog+GTKWave 设计并实现一个 32 位 MIPS 微系统。

1. 实验目的

(1) 依托 **iverilog+GTKWave** 平台设计并实现一个 MIPS32 微系统,该微系统包括完整的多周期主机、桥、CP0、支持中断处理的定时器、开关以及键盘。

(2) 熟练掌握 Verilog HDL 硬件描述语言,提高硬件系统分析和设计能力。

(3) 熟悉 iverilog+GTKWave 平台,提高系统分析和调试能力。

2. 设计说明

(1) MIPS32 微系统应包括 MIPS32 多周期处理器、CP0 协处理器、系统桥和一个定时器、32 位输入设备、32 位输出设备。

(2) MIPS32 处理器应实现 MIPS-Lite3 指令集。

① MIPS-Lite3={MIPS-Lite2,ERET,MFC0,MTC0}。

② MIPS-Lite2={addu,subu,ori,lw,sw,beq,lui,addi,addiu,slt,j,jal,jr,lb,sb}。

③ addi 应支持溢出,溢出标志写入寄存器 $30 中的第 0 位。

(3) MIPS 处理器为多周期设计。

(4) MIPS 微系统支持定时器硬件中断。

3. 设计要求

(1) 系统桥与设备。

① 为了支持设备，MIPS 微系统需要配置系统桥。该桥需要支持 3 个设备，即定时器、32 位输入设备、32 位输出设备。

② 定时器的设计规范请参看"6.定时器设计规范"。

(2) 中断机制。

① 为了支持异常和中断，处理器必须实现 0 号协处理器(CP0)。为此，必须实现的 CP0 寄存器包括 SR、CAUSE、EPC、PrID。关于这几个寄存器，请参考 7.1 节中的相关内容。

② 考虑到简化设计以及与 MARS 模拟器保持一致，该系统将只支持 0x0000_4180 这个入口地址，即所有的异常与中断都从这里进入。学生需要修改 NPC 模块，以确保当异常/中断发生时，NPC 可以输出 0x0000_4180。

③ 由于本系统只要求支持设备中断，因此 MIPS 内部异常（如指令错误）不被考虑。

(3) 微系统设计。

① MIPS 处理器需要增加接口信号，表 7.6 为参考设计（只列出了新增的信号）：

表 7.6 参考设计

信 号 名	方 向	描 述
PrAddr[31:0]	O	32 位地址总线
PrDIn[31:0]	I	从 Bridge 模块读入的数据
PrDOut[31:0]	O	输出至 Bridge 模块的数据
Wen	O	写允许信号
HWInt[7:2]	I	6 个硬件中断请求

② 多周期处理器由 datapath(数据通路)和 controller(控制器)组成。

a. 数据通路应至少包括以下 module：PC(程序计数器)、NPC(NextPC 计算单元)、GPR(通用寄存器组，也称为寄存器文件、寄存器堆)、ALU(算术逻辑运算单元)、EXT(扩展单元)、IM(指令存储器)、DM(数据存储器)、Bridge、CP0 等。

b. IM：容量为 8KB(8bit×8192)。

c. DM：容量为 12KB(8bit×12288)，采用小端序方式存取数据。

③ 微系统中重要的地址范围和入口如表 7.7 所示。

表 7.7 地址范围和入口

	地址或地址范围	备 注
数据存储器	0x0000_0000 至 0x0000_2FFF	
指令存储器	0x0000_3000 至 0x0000_4FFF	
PC 初始值	0x0000_3000	
Exception Handler 入口地址	0x0000_4180	
定时器寄存器地址	0x0000_7F00 至 0x0000_7F0B	定时器 3 个寄存器

d. Exception Handler 的代码属于指令存储器。注意 Handler 在指令存储器中的地址位置以及正确编写 modelsim 仿真时指令的初始化文件。

e. 定时器的 ISR 接入 MIPS 处理器的 HWInt[2]，即最低中断。

4. 测试要求

（1）开发一个主程序以及定时器的中断子程序 Exception Handler，实现秒计数显示功能。主程序完成①～④步，中断子程序完成⑤步。

① 主程序需要读取 32 位输入设备的内容并显示在 32 位输出设备上。

② 主程序通过 MFC0、MTC0 这两条指令和 CP0 中的 SR 以及 PrID 交换数据，并通过 SR 控制定时器硬件中断工作。

③ 主程序将定时器初始化为模式 0，并加载正确的计数初值至定时器初值寄存器，以产生 1s 的计数周期。

④ 主程序启动定时器计数后进入死循环。

⑤ 中断子程序不断读取新的输入设备内容，一旦发现与之前的 32 位输入值不同，就更新 32 位输出设备显示为当前新值；否则将输出设备显示内容加 1，然后重置定时器初值寄存器，从而再次启动定时器计数，实现新一轮的秒计数。

（2）新增指令都应被包括在主程序以及中断程序中。

（3）测试程序的正确性需要和 Mars 中的结果进行对比验证，不能直观对比的，需要进行完整波形图验证。

5. 考核要求

（1）考核需要完成现场测试以及提交文件。实验成绩包括但不限于如下内容：初始设计的正确性、增加新指令后的正确性、实验报告等。

（2）需要提交的压缩文件内容包括：工程中所有 v 文件、code.txt、code.asm、课程设计报告。

（3）时间要求：由实验指导教师指定。

（4）现场测试时，需要重点解读中断实现及软硬件协同机制。

6. 定时器设计规范

本系统采用 32 位定时器/计数器 TC，并支持中断。

（1）功能描述及内部结构。

TC 的内部基本结构如图 7.19 所示。TC 由控制寄存器、初值寄存器、32 位计数器及中断产生逻辑构成。

① 控制寄存器决定计数启停控制等。

② 初值寄存器为 32 位计数器提供初始值。

③ 根据不同的计数模式，在计数为 0 后，计数器或者自动装填初值并重新计数，或者保持在 0 值，直至初值寄存器再次被装载。

④ 当计数器工作在模式 0 且在中断允许的前提下，当计数器计数值为 0 时，中断产生逻辑中断请求（IRQ 为 1）。

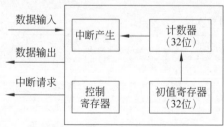

图 7.19 T/C 内部基本结构

(2) 计数模式。

① 模式 0：当计数器倒计数为 0 后，计数器停止计数。当初值寄存器再次被外部写入后，初值寄存器值再次被加载至计数器，计数器重新启动倒计数。模式 0 通常用于产生定时中断。例如，为操作系统的时间片调度机制提供定时。

② 模式 1：当计数器倒计数为 0 后，初值寄存器值被自动加载至计数器，计数器继续倒计数。模式 1 通常用于产生周期性脉冲。例如，可以用模式 1 产生步进电机所需的步进控制信号。

(3) 寄存器。

TC 包括控制寄存器、初值寄存器和计数值寄存器。每个寄存器都为 32 位，共占用 12B 空间。当读取 CTRL 寄存器时，未定义位始终为 0；当写入 CTRL 寄存器时，未定义位被忽略（表 7.8）。

表 7.8 寄存器

偏 移	寄存器	寄存器描述	R/W	复 位 值
0h	CTRL	控制寄存器	R/W	0
4h	PRESET	初值寄存器	R/W	0
8h	COUNT	计数值寄存器	R	0

① 控制寄存器（CTRL）如表 7.9 所示。

表 7.9 控制寄存器格式

Reserved	31：4	保 留	—	0
IM	3	中断屏蔽 0：禁止中断 1：允许中断	R/W	0
Mode	2：1	模式选择 00：方式 0 01：方式 1 10：未定义 11：未定义	R/W	00
Enable	0	计数器使能 0：停止计数 1：允许计数	R/W	0

② 初值寄存器（PRESET）如表 7.10 所示。

表 7.10 初值寄存器格式

Bit mnemonic	Bit No.	Description	R/W	Value After Reset
PRESET	31：0	32 位计数初值	R/W	0

③ 计数值寄存器（COUNT）如表 7.11 所示。

表 7.11 计数寄存器格式

Bit mnemonic	Bit No.	Description	R/W	Value After Reset
COUNT	31:0	32 位计数值	R	0

（4）模块接口信号定义如表 7.12 所示。

表 7.12 接口信号定义

信号名	方向	描述
CLK_I	I	时钟
RST_I	I	复位信号
ADD_I[3:2]	I	地址输入
WE_I	I	写使能
DAT_I[31:0]	I	32 位数据输入
DAT_O[32:0]	O	32 位数据输出
IRQ	O	中断请求

（5）编程说明。

① 在允许计数器计数前,应首先停止计数,然后加载初值寄存器,再允许计数。

② 无论哪种模式,如果不需要产生中断,则应屏蔽中断。

第 8 章 FPGA 开发 MIPS 微系统

在前几章中,我们已经完成了从单周期 CPU 到完整 MIPS 微系统的设计与模拟仿真。然而,这些工作都停留在软件层面,并未涉及实际的硬件芯片。本章将带领读者跨越软硬件的鸿沟,将第 7 章中仿真成功的 MIPS 微系统真正实现到 FPGA 硬件上。本章将使用第 4 章介绍的 Xilinx ISE 开发环境,结合 EES286 验证平台完成整个 FPGA 的设计开发流程。

EES286 验证平台是一款功能强大的 FPGA 开发板,搭载了 Xilinx Spartan-6 XC6SLX45 FPGA 芯片。该平台配备了丰富的外设接口,包括 VGA、LCD、PS/2 键盘接口、SRAM、Flash 存储器、UART 串口等。板上还集成了多个 LED 灯、按键开关、拨码开关和数码管显示器,为实验提供了便利的输入/输出手段。

在本章的实验中,我们将充分利用 EES286 平台的这些资源。通过编程控制 LED 灯的亮灭和数码管的显示,我们可以直观地观察 MIPS 微系统的运行状态。拨码开关和按键则提供了灵活的输入方式,使我们能够方便地与系统进行交互。这种硬件实现不仅验证了前面设计的正确性,还让抽象的 CPU 设计变得更加具体和生动。

接下来,我们将详细介绍如何使用 Xilinx ISE 完成 FPGA 开发的全流程,包括仿真、综合、实现、生成比特流文件,以及最终将设计下载到 EES286 开发板上。通过这个过程,读者将深入理解软件设计与硬件实现之间的联系,为今后从事更复杂的数字系统设计打下坚实的基础。

8.1 基于 ISE 的仿真

在完成 MIPS 微系统的设计后,我们需要使用 Xilinx ISE 进行仿真验证。本节将详细介绍使用 ISE 进行仿真的步骤。

(1) 启动 ISE 项目。首先,确保已经正确安装了 ISE Design Suite 14.7。启动 ISE 程序后,单击 Open Project 按钮,如图 8.1 所示,打开项目选择对话框。

(2) 选择项目文件。在本地文件系统中找到 MIPS CPU 系统项目文件夹。选择名为 Project4.xise 的项目文件,如图 8.2 所示。这个文件包含整个 MIPS 微系统的设计信息。

(3) 配置项目。打开项目后,在左侧的项目导航器中展开项目结构。可以发现,除了 v 源代码文件外,还有一些 xco 配置文件。这些 xco 文件用于描述 FPGA 系统的配置,包含诸如 FPGA 型号、约束文件、仿真选项等重要信息。如果是首次打开项目,则需要运行这些 xco 文件来完成系统的初始配置,如图 8.3 所示。

(4) 生成配置文件。在配置过程中,按照向导提示,持续单击 Next 按钮。最后,单击 Generate 按钮生成配置文件,如图 8.4 所示。注意,如果之前已经完成了配置,则这一步可以跳过,无须重复配置。

图 8.1 打开 ISE 程序

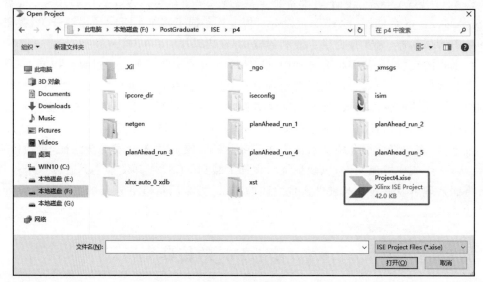

图 8.2 选择文件

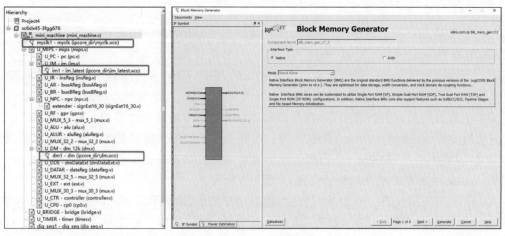

图 8.3 运行 xco 配置文件

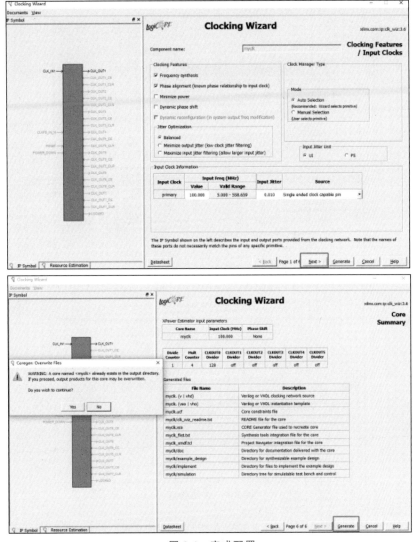

图 8.4 完成配置

(5) 进入仿真模块。配置完成后,选择左侧导航栏中的 Simulation 选项,进入仿真模块。在顶层模块下方将看到可用的仿真运行选项,如图 8.5 所示。

(6) 语法检查。在进行仿真之前,务必进行语法检查。双击 Behavioral Check Syntax 按钮,系统将自动进行语法检查。如果检查通过,则会看到一个绿色的对钩标记,如图 8.6 所示。这表明代码在语法上是正确的,可以进行下一步的仿真。

(7) 查看仿真结果。通过语法检查后,系统会自动启动仿真模型。进入仿真界面后,将看到系统的波形图和相关输出信息。这些信息对于验证设计至关重要。

通过仔细分析图 8.7 中的波形图和输出信息,可以验证 MIPS 微系统的功能是否符合预期设计。如果发现问题,则可以回到源代码进行修改,然后重复以上步骤,直到系统运行正确。

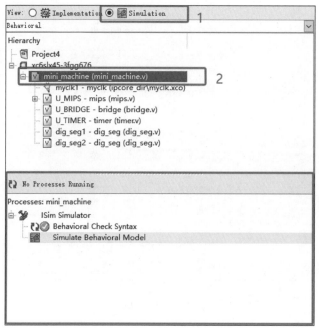

图 8.5 进入仿真模块

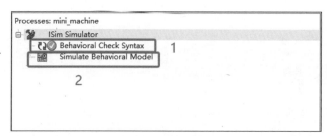

图 8.6 语法检查

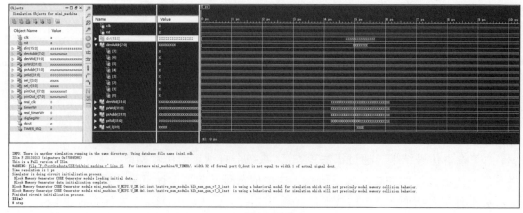

图 8.7 系统的波形图

记住,仿真是一个迭代的过程,可能需要多次修改和仿真才能得到满意的结果。耐心和细心是这个阶段的关键。

8.2 基于 ISE 的实现

在完成仿真并确认设计正确后,下一步是将 MIPS 微系统的设计实现到 FPGA 上,这个过程包括综合、实现和生成比特流文件等关键步骤。本节将详细介绍这一实现过程。

(1) 准备实现。在 ISE 的 Implement 视图中单击顶层模块文件(本例中为 mini_machine.v)。此时,可以在下方看到与 mini_machine 相关的一系列运行选项,如图 8.8 所示。这些选项代表从设计到最终 FPGA 实现的各个阶段。

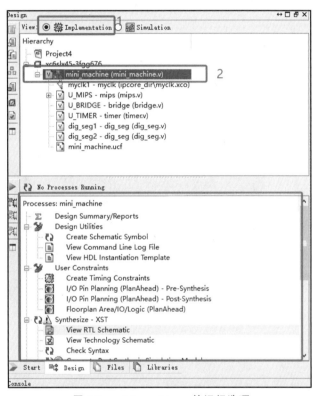

图 8.8 mini_machine.v 的运行选项

(2) XST 综合。首先进行综合步骤。双击 Synthesize-XST 按钮,启动 Xilinx Synthesis Technology (XST)综合过程。XST 将把 HDL 代码转换为网表形式。当综合成功完成时,可以在控制台窗口看到"successfully"字样,如图 8.9 所示。

(3) 查看 RTL 原理图。综合完成后,可以通过查看 RTL(Register Transfer Level)原理图来验证设计的结构。选择 View RTL Schematic 选项,ISE 将生成并显示 RTL 原理图,如图 8.10 所示。这个图表展示了设计的高层次逻辑结构。

(4) 查看详细 RTL 图。如果需要更深入了解设计细节,可以双击 RTL 原理图中的各个模块。这将显示更详细的 RTL 图,如图 8.11 所示。这些详细图有助于理解和调试复杂的设计结构。

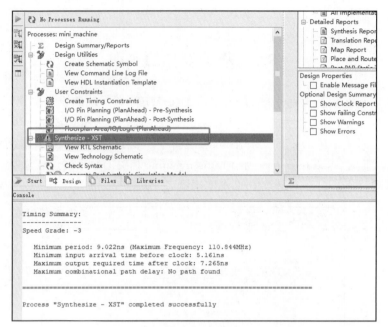

图 8.9 XST 综合

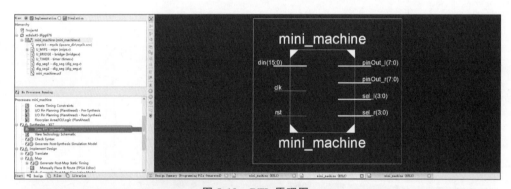

图 8.10 RTL 原理图

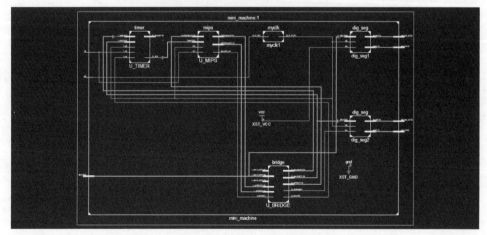

图 8.11 详细 RTL 原理图

(5) 实现设计。RTL 图确认无误后，下一步是实现设计。双击 Implement Design 按钮，启动实现过程。这个过程包括将综合后的设计映射到 FPGA 的具体资源，以及布局布线等步骤。当实现成功完成时，可以在控制台窗口看到"successfully"字样，如图 8.12 所示。

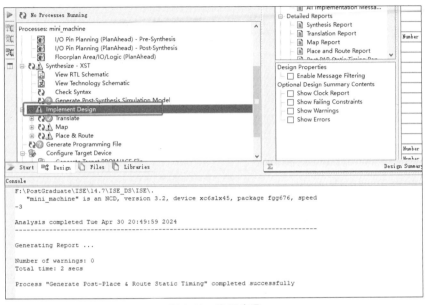

图 8.12 实现步骤

(6) 生成比特流文件。最后一步是生成比特流文件，这是 FPGA 编程所需的最终文件。双击 Generate Programming File 按钮，ISE 将开始生成比特流。当看到"successfully"字样时，如图 8.13 所示，表示比特流文件已成功生成。这个文件用于后续将设计加载到 FPGA 器件中。

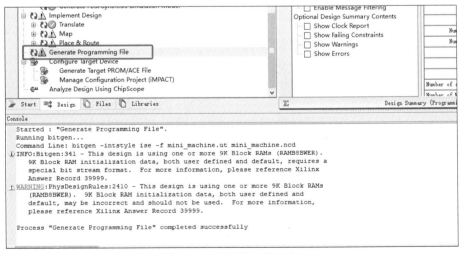

图 8.13 比特流文件生成

通过以上步骤，我们已经成功将 MIPS 微系统的设计转换为可以直接加载到 FPGA 中的比特流文件。这个过程不仅验证了设计的可综合性和可实现性，还为后续的硬件测试和验证做好了准备。在下一节中，我们将学习如何将这个比特流文件下载到 FPGA 设备中，使我们的 MIPS 微系统在硬件上运行起来。

8.3 基于 ISE 的硬件编程

8.3.1 下载程序

在完成 MIPS 微系统的设计、仿真和实现后，最后一步是将生成的比特流文件下载到 FPGA 硬件板上，这个过程称为硬件编程，它将使我们的设计在实际硬件上运行。本节将详细介绍这个过程。

（1）硬件连接。首先，我们需要正确连接硬件。将 Xilinx 下载器的一端连接到 FPGA 实验箱，另一端通过 USB 接口连接到计算机。然后，为实验箱接通电源。如果连接正确，则会看到实验箱上的指示灯亮起，如图 8.14 所示。为了确认连接成功，请打开计算机的设备管理器。如果看到如图 8.15 所示的新增设备，则表明连接已经建立。

图 8.14　下载器连接　　　　　　　图 8.15　硬件设备

（2）启动下载过程。现在，我们开始正式的下载过程。在 ISE 中打开项目，找到并单击 Implementation 视图下的顶层模块。在下方的操作选项中双击 Configure Target Device 按钮，如图 8.16 所示。如果出现如图 8.17 所示的警告信息，则直接单击 OK 按钮继续即可。

（3）配置 iMPACT。此时将进入 iMPACT 配置界面，如图 8.18 所示。首先双击 Boundary Scan 按钮，系统会自动检测连接的 FPGA 芯片。在随后的界面中，右击并选择 Initialize Chain 选项，如图 8.19 所示。

（4）选择比特流文件。在弹出的文件选择对话框中，选择之前生成的以 bit 为扩展名的比特流文件，如图 8.20 所示。

在随后的弹出框中单击 No 按钮，如图 8.21 所示。之后会看到检测到的 FPGA 芯片信息，如图 8.22 所示。

（5）开始编程。右击检测到的芯片，选择 Program 选项，如图 8.23 所示。

第 8 章 FPGA 开发 MIPS 微系统

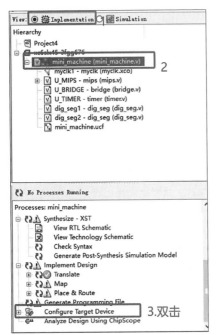

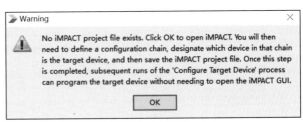

图 8.16 下载流程

图 8.17 警告信息

图 8.18 iMPACT 配置界面

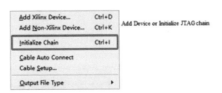

图 8.19 Initialize Chain 选项

图 8.20 选择扩展名为 bit 的文件

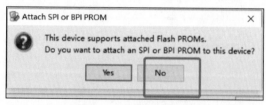

图 8.21 比特流文件生成

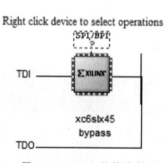

图 8.22 FPGA 芯片信息

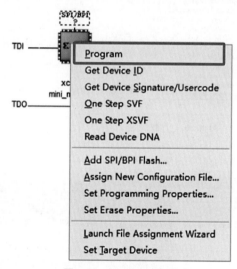

图 8.23 Program 选项

在弹出的设备选择框中选择 Device1 选项并单击 OK 按钮,如图 8.24 所示。

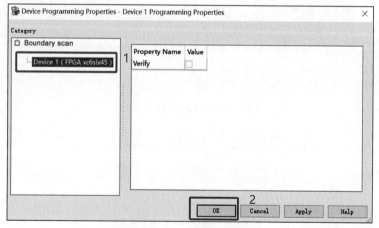

图 8.24 设备选择框

等待进度条加载完成后,如果看到"Program Succeeded"的提示,如图 8.25 所示,则表示下载成功。

此时,应该能看到 FPGA 实验箱上的蓝色指示灯和 LED 灯亮起,如图 8.26 所示,这表明设计已经成功加载到 FPGA 中并开始运行。

图 8.25 下载成功　　图 8.26 蓝色指示灯与 LED 灯亮起

8.3.2 硬件编程结果输出

成功将设计下载到 FPGA 后,可以通过观察 LED 灯的变化来验证 MIPS 微系统的运行情况。在我们的设计中,LED 灯代表输出设备,而开关则模拟了输入设备。

(1) LED 灯输出。实验箱上有 8 位 LED 灯,从左到右排列。其中,前 4 位的变化由开关 s4 的 1 号位控制,如图 8.27 所示。

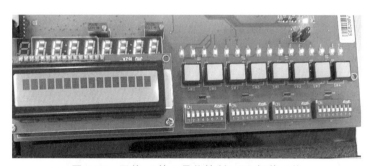

图 8.27 开关 s4 的 1 号位控制 LED 灯前 4 位

当打开 s4 的 1 号位开关时,LED 灯的前 4 位会随着每个时钟周期增加 1。图 8.28 展示了经过 21 个时钟周期后的 LED 灯状态。

(2) 开关控制。开关 s1 和 s2 用于控制 LED 灯后 4 位的显示。这部分采用十六进制显示,使用 8421 编码。例如,当打开 s1 对应的低位开关 5、6、7、8 号位时,LED 灯的后 4 位会显示 FFF0(由 FFFF 减去 16 个单位,即一个 F),如图 8.29 所示。

(3) 组合控制。通过同时操作 s4、s1 和 s2,我们可以实现更复杂的显示效果。例如,我们可以让时钟周期从 s1 和 s2 设置的信号位开始递增。图 8.30 展示了一个例子:通过 s1 和 s2 将后 4 位设置为 FFF0,然后打开 s4 的 1 号位,使前 4 位从 FFF0 开始随时钟周

图 8.28 LED 灯前 4 位示例

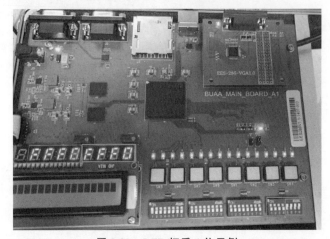

图 8.29 LED 灯后 4 位示例

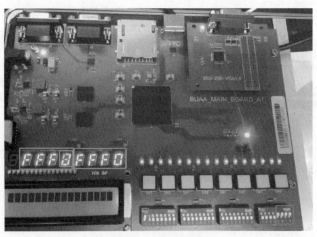

图 8.30 LED 灯示例

期递增。图中显示 FFFd,表示从 FFF0 开始已经经过了 14 个时钟周期。

通过观察这些 LED 灯的变化,我们可以直观地验证 MIPS 微系统在 FPGA 上的运行情况,包括时钟周期的计数、数据的处理等。这种硬件级别的验证为我们提供了最直接的设计正确性证明,也让我们能够更深入地理解硬件系统的工作原理。

8.4 实　　验

本节使用 FPGA 完成 MIPS 微系统开发(支持设备与中断)。

1. 设计说明

(1) MIPS 微系统应包括 MIPS 处理器、系统桥和一个定时器,8 位 7 段数码管、32 位拨动开关。

(2) MIPS 处理器应实现 MIPS-Lite3 指令集。

(3) MIPS-Lite3＝{MIPS-Lite2、ERET、MFC0、MTC0}。

(4) MIPS-Lite2＝{addu,subu,ori,lw,sw,beq,lui,addi,addiu,slt,j,jal,jr,lb,sb}。

(5) addi 应支持溢出,溢出标志写入寄存器 $30 中的第 0 位。

(6) MIPS 处理器为多周期设计。

(7) MIPS 微系统支持定时器硬件中断。

2. 系统桥与设备

为了支持设备,MIPS 微系统需要配置系统桥。

(1) 需要支持 3 个设备,即定时器、8 位 7 段数码管、32 位拨动开关。

(2) 定时器的设计规范请参看第 7 章提供的"定时器设计规范"。

(3) 实验设备中的 8 位 7 段数码管由 2 个 4 位 7 段数码管组成。

3. FPGA 内置模块的使用

(1) 时钟定制电路。

系统时钟为 100MHz,速度过快,请使用 CoreGen 生成适合的时钟模块及频率。

(2) 片内块存储器。

IM、DM 都请采用 BlockRAM。

4. 中断机制

(1) 为了支持异常和中断,处理器必须实现 0 号协处理器(CP0)。为此,必须实现的 CP0 寄存器包括 SR、CAUSE、EPC、PrID。关于这几个寄存器,请阅读《异常中断及协处理器》中的相关内容。

(2) 考虑简化以及与 MARS 模拟器一致,我们将只支持 0x0000_4180 这个入口地址,即所有的异常与中断都从这里进入。

① 需要修改 NPC 模块,以确保当异常/中断发生时,NPC.NPC 输出 0x0000_4180。

② 由于本系统只要求支持设备中断,因此 MIPS 内部异常(如指令错误)不被考虑。

5. 微系统设计

(1) MIPS 处理器需要增加接口信号,表 8.1 为参考设计(只列出了新增的信号)。

表 8.1 参考设计

信号名	方向	描述
PrAddr[31：0]	O	32 位地址总线
PrDIn[31：0]	I	从 Bridge 模块读入的数据
PrDOut[31：0]	O	输出至 Bridge 模块的数据
Wen	O	写允许信号
HWInt[7：2]	I	6 个硬件中断请求

(2) 多周期处理器由 datapath(数据通路)和 controller(控制器)组成。

① 数据通路应至少包括以下 module：PC(程序计数器)、NPC(NextPC 计算单元)、GPR(通用寄存器组，也称为寄存器文件、寄存器堆)、ALU(算术逻辑部件)、EXT(扩展单元)、IM(指令存储器)、DM(数据存储器)、Bridge、CP0 等。

② IM：容量为 8KB(8bit×8192)。

③ DM：容量为 12KB(8bit×12288)，采用小端序方式存取数据。

(3) 微系统中重要的地址范围和入口见表 8.2。

表 8.2 地址范围和入口

项目	地址或地址范围	备注
数据存储器	0x0000_0000～0x0000_2FFF	
指令存储器	0x0000_3000～0x0000_4FFF	
PC 初始值	0x0000_3000	
Exception Handler 入口地址	0x0000_4180	
定时器寄存器地址	0x0000_7F00～0x0000_7F0B	定时器 3 个寄存器

(4) Exception Handler 的代码属于指令存储器。注意 Handler 在指令存储器中的地址位置以及正确编写 modelsim 仿真时指令的初始化文件。

(5) 定时器的 ISR 请接入 MIPS 处理器的 HWInt[2]，即最低中断。

6. 测试要求

开发一个主程序以及定时器的 Exception Handler，实现秒计数显示功能。整个系统完成以下功能：

(1) 主程序通过读取 32 位拨动开关内容并显示在 7 段数码管上。

(2) 主程序将定时器初始化为模式 0，并加载正确的计数初值至预置计初值寄存器以产生 1s 的计数周期。

(3) 主程序启动定时器计数后进入死循环。

(4) 中断子程序不断读取新的输入设备内容，一旦发现与之前的 32 位拨动开关内容不同,则更新数码管显示为当前新值;否则将数码管显示内容加1。然后重置初值寄存器从而再次启动定时器计数,实现新一轮秒计数。

7. 成绩及实验测试要求

(1) 实验成绩包括但不限于以下内容:设计的正确性、实验报告等。

(2) 实验测试时,需要重点解读中断实现及软硬件协同机制。解读不仅应准确,而且应力求简洁。